JN189459

まえがき

エネルギー分野の意思決定には，不確実性がつきものである．一例として，電力の発電事業を考えてみよう．発電所建設の意思決定をする際には，将来の売電価格や電力需要の不確実性に直面する．かつては，高度経済成長のもとで電力需要は右肩上がりに増加し，電気事業は規制下におかれていた．しかし今の日本では，長引く経済停滞，高齢化社会の到来，電力自由化の進展，再生可能エネルギーの増大など，電気事業を取り巻く環境は大きく変化している．こうした環境下で，これから 10 年，20 年先の売電価格や電力需要の変化を予測するのはより難しくなっており，不確実性の度合いは増している．他方，電力の発電には天然ガスなどの燃料が必要である．エネルギー資源の多くを海外からの輸入に頼る日本では，中長期にわたり，燃料の調達価格に不確実性が存在する．また，輸出国側の地政学的な要因により，資源の産出量と輸出量が大きく変動するおそれもある．このように，発電事業一つとっても，多様な不確実性がついてまわる．

本書は，エネルギー分野を対象として，数理計画法やリアルオプションにより，不確実性のもとで意思決定を下す方法を解説する．エネルギーのリスクマネジメントは大事なテーマであるにもかかわらず，その方法を論じる和書は意外にも少ない．そもそも，不確実性を扱う数理計画法の代表的手法である確率計画法やロバスト最適化を解説した和文のテキストが多くない，という実情もある．そこで本書を 2 部構成として，第 I 部では，確率計画法やロバスト最適化，リアルオプションなどの手法の基礎を，コンパクトながら体系的に学べるように配慮した．そして第 II 部で，こうした手法をエネルギー分野の問題に適用するなど，リスクマネジメントの応用事例を解説した．特に第 I 部は，エネルギーはもとより，他の分野でも適用可能な一般的な手法の解説となっている．

したがって本書は，エネルギー分野に興味のある読者に加え，それ以外の分野であっても，広くリスクマネジメントの一般手法に関心をもつ読者にも役立つだろう．

本書の読者として想定するのは，学部3〜4年生，大学院生，研究者および実務に携わる方々である．エネルギー分野は，学際的領域であり，オペレーションズ・リサーチ，工学，理学，経済学など幅広いバックグラウンドをもつ読者層を想定している．また上述のとおり，エネルギーに限らず，その他の分野に関心のある読者にも，第I部を中心に活用されるものと考えている．本書を読むにあたり前提とするのは，大学初年次程度の微分積分学，線形代数学，確率論に関する基礎知識である．その他必要となる知識は，適宜付録で解説している．

本書の構成は以下のとおりである．第I部「基本手法」は5つの章からなる．これらの章は手法の解説が中心であるが，読者の理解の助けとなるよう数値例を盛り込むことを心がけた．第1章では，確率計画法の基礎的事項を解説し，リコースを有する2段階の確率計画問題を定式化する．第2章では，2段階確率計画問題の解法の方針に触れ，Bendersの分解を応用したL型法による解法を解説する．第3章では，リスクの尺度としてバリュー・アット・リスク (VaR) や条件付きバリュー・アット・リスク (CVaR) を導入した上で，リスクを考慮した確率計画法について述べる．第4章では，近年発展著しいロバスト最適化に関して，基本的な定式化を示した後に，リコースのある2段階の適応的ロバスト最適化問題を考察する．第5章では，リアルオプションの手法について，2時点の離散時間モデルを解説し，さらに連続時間モデルを示す．第II部「応用事例」は3つの章からなる．これらの章は，第I部の手法の直接的な応用事例を中心としつつ，エネルギー分野のリスクマネジメントに関するより広いトピックも議論している．第6章では，VaRやCVaRを考慮した確率計画法により，市場価格・需要の不確実性下で，電力の調達に関するより短期の意思決定を行う事例を紹介する．第7章では，リアルオプションの手法を用いて，将来の売電価格などが不確実な中で，電源の投資に関するより長期の意思決定を行う事例を示す．第8章では，不確実性下の国際的なエネルギーサプライチェーンを考え，VaRを用いて資源の輸入量を決定する問題や，その他輸送手段決定問題の事例を紹介する．また本書には，付録の他，各章に演習問題とその解答も付している．

著者らはオペレーションズ・リサーチの国際学会にしばしば参加するが，エネルギー分野のセッションが多数組まれ，そこでは海外の若手の研究者や大学院の学生が先端的な研究を活発に発表している．日本の若手の研究者や学生がこの分野にもっと関心を抱くようになり，エネルギー分野における日本の研究者の層が厚みを増すことを著者らは願っている．本書がその一助となるようならば，著者らにとって大きな喜びである．なお本書は，著者全員で構想を練った上で，田中が第1章～第4章を，髙嶋が第5章～第7章を，鳥海が第6章と第8章を執筆した (第6章は髙嶋・鳥海の共同執筆).

本書をまとめることができたのは，多くの先生方の永年のご指導の賜物である．学生の皆さんとの活発な議論も執筆に役立った．木村俊一先生は，本書執筆の機会を与えてくださった．ここに記して深く感謝の意を表したい．また，本書の出版に際してお世話になった朝倉書店の方々に厚く御礼申し上げる．最後に，常に忍耐強くサポートしてくれる著者らの家族に本書を捧げたい．

2018年10月

田中　誠・髙嶋隆太・鳥海重喜

目　　次

第I部　基 本 手 法　　1

第 I 部

基本手法

CHAPTER 1

確率計画法の基礎

Life is uncertain. Eat dessert first.

(人生は不確実なもの．デザートから先にお食べなさい．)

—Ernestine Ulmer

1.1 不確実性のもとでの意思決定

1.1.1 不確実性と確率計画法

世の中は不確実な物事であふれている．日常生活であれ，企業の活動であれ，我々は不確実性のもとで日々意思決定を行っている．

- つきあい始めて間もない恋人の誕生日には何をプレゼントしたらよいか．恋人の好みがまだはっきりわからないけれど，何をプレゼントしたら喜んでもらえるだろうか?
- 新商品の生産計画はどう決めるべきか．新商品の人気が出るかどうかわからない中，企業はこの商品をどれだけ生産したらよいだろうか?
- 電力会社の設備建設計画はいかに決定すべきか．将来の電力需要が不確実な中，電力会社はどれだけ発電所を建設したらよいだろうか?

上記の例に共通する点は，意思決定をする段階で重要な情報がまだ明らかになっていないことである．恋人の好み，新商品の人気，将来の電力需要が顕在化するよりも前の時点で，選択を行わなければならない．

不確実な状況下であっても，最適な意思決定を行いたい．このような問題を扱う手法の1つが，**確率計画法** (stochastic programming) である．確率計画法は，その名のとおり確率的要素を考慮して最適化を行う**数理計画法** (mathematical programming) である[*1)].

確率計画法が対象とする基本的な問題を理解するために，以下の簡単な例を考えてみよう．大学生の A 君は，同好会の仲間と学園祭で焼き鳥の模擬店を出すことになったとする．学園祭の当日までに，A 君は業者から焼き鳥の仕入れをしなければならない．大学の学園祭の来場者数は当日の天気に左右され，A 君の模擬店で焼き鳥を買ってくれる人の数も不確かである．学園祭当日の焼き鳥の需要量に不確実性がある中で，A 君は事前に何本焼き鳥を仕入れておくのが最適であろうか? これは，確率計画法が適用できる簡単でしかも典型的な例である．

この問題を解くために，もう少し具体的な数値をあてはめてみよう．A 君は，あらかじめ業者から x 本の焼き鳥を仕入れる．運搬能力の制約から仕入れの上限は 1500 本である．仕入れ価格は，高級地鶏の焼き鳥 1 本あたり 60 円とする．学園祭当日の焼き鳥の需要量は，天気の影響を受け，確率変数 $\tilde{\xi}$ として表される．$\tilde{\xi}$ は離散分布にしたがい，p^k の確率で ξ^k が実現するものとする．ここでは，$p^1 = \frac{1}{2}$ の確率で当日の天気が雨で少なめの需要量 $\xi^1 = 800$ が実現し，$p^2 = \frac{1}{2}$ の確率で当日の天気が晴れで多めの需要量 $\xi^2 = 1200$ が実現するものとする．さて，学園祭当日を迎えると，A 君は 1 本 100 円の値段で焼き鳥を y_1 本売る．もし売れ残りが出る場合は，1 本 10 円で業者に y_2 本引き取ってもらえる．

図 1.1 は A 君の意思決定の流れを表している．重要な点は，学園祭当日の焼き鳥の需要量 ξ^k が実現するよりも前に，仕入れ量 x を決めなければならないことである．一方，焼き鳥の販売量 y_1 と業者の引き取り量 y_2 は，焼き鳥の需要量 ξ^k が実現した後の変数である．これらの変数は，需要量の実現後に決まるという事実を明示すれば，$y_1(\xi^k), y_2(\xi^k)$ と表現することもできる．以下，1.1.2 項から 1.1.4 項では，いくつかの異なる観点から不確実下の A 君の意思決定の問題を考える．

[*1)] 確率計画法の詳しい洋書のテキストとしては，Birge and Louveaux (2011)，Kall and Mayer (2011)，Shapiro et al. (2014)，Ruszczyński and Shapiro (2003)，Kall and Wallace (1994) などがある．和書では椎名 (2015) が詳しい．本書では，これらの確率計画法のテキストで用いられる一般的な表記を踏襲する．

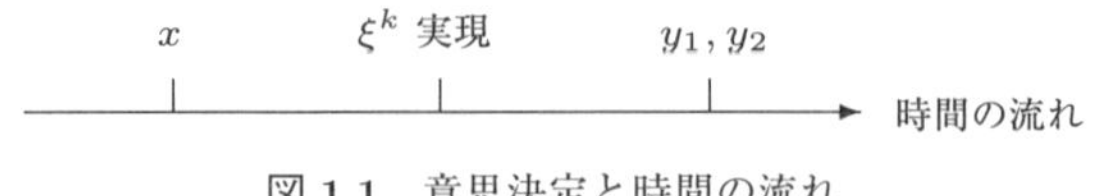

図 1.1 意思決定と時間の流れ

1.1.2 単純な期待値による解法

まず最初に，確率変数である焼き鳥の需要量 $\tilde{\xi}$ の単純な期待値に着目して，仕入れ量 x を決める方法を考える．$\tilde{\xi}$ の期待値 $\bar{\xi}$ は

$$\bar{\xi} = \sum_{k=1}^{2} p^k \xi^k = \frac{1}{2}(800 + 1200) = 1000$$

と求まる．A 君は，焼き鳥の需要量が平均的に 1000 本であることを前提に意思決定を行う．選択すべき変数はすべて $\bar{\xi}$ に依存することを明示するために，$x(\bar{\xi}), y_1(\bar{\xi}), y_2(\bar{\xi})$ と表すことにする．A 君が解く最適化問題は次のように表せる *2)．

$$\begin{aligned} \min_{x(\bar{\xi}), y_1(\bar{\xi}), y_2(\bar{\xi})} \quad & 60x(\bar{\xi}) - 100y_1(\bar{\xi}) - 10y_2(\bar{\xi}) \\ \text{s.t.} \quad & 0 \leq x(\bar{\xi}) \leq 1500 \\ & y_1(\bar{\xi}) + y_2(\bar{\xi}) \leq x(\bar{\xi}) \\ & y_1(\bar{\xi}) \leq \bar{\xi} = 1000 \\ & y_1(\bar{\xi}), y_2(\bar{\xi}) \geq 0 \end{aligned} \tag{1.1}$$

目的関数は，焼き鳥を 1 本あたり 60 円で仕入れ，100 円でお客さんに販売するか 10 円で業者に売れ残りを引き取ってもらうときの (ネットの) 費用を示す．A 君はこの費用を最小化したい．別の見方をすると，$\max -60x(\bar{\xi}) + 100y_1(\bar{\xi}) + 10y_2(\bar{\xi})$ と同値なので，焼き鳥の販売による利益を最大化するのと同じことである．

制約式の 1 つ目は，仕入れることができる量の制約である．2 つ目は，販売量と売れ残りの合計は最初に仕入れた量を超えることができない制約である．3 つ目は，販売できる量がお客さんの需要量を超えることができない需給制約である．この需給制約が平均的な需要量 $\bar{\xi}$ により表現されている．また，各変

*2) ここで議論する焼き鳥の本数は，相対的に多く，連続変数として扱う．以下，焼き鳥の模擬店の例では同様の扱いとする．

数は非負である.

問題 (1.1) は簡単な**線形計画問題** (linear programming problem) であり，その最適解は $x^0(\bar{\xi}) = y_1^0(\bar{\xi}) = 1000$, $y_2^0(\bar{\xi}) = 0$ と求まる．A 君は焼き鳥の需要量が平均的に 1000 本であると想定するので，ちょうど 1000 本仕入れて販売し，売れ残りは出したくない．これが，確率変数の単純な期待値に着目して，事前に仕入れ量 x を決める方法である.

ここで注意すべきなのは，事前に焼き鳥を 1000 本仕入れた後，いよいよ学園祭当日を迎えて実際の需要量 ξ^k が実現することである．A 君は模擬店への客足を見ながら，最適な販売量 $y_1^0(\xi^k)$ を選択することになる．これは，$x^0(\bar{\xi}) = 1000$ および実現した ξ^k のもとで，以下の問題 (1.2) か問題 (1.3) を解くことに等しい.

もし $\xi^1 = 800$ が実現した場合には

$$
\begin{aligned}
\min_{y_1(\xi^1),y_2(\xi^1)} \quad & -100y_1(\xi^1) - 10y_2(\xi^1) \\
\text{s.t.} \quad & y_1(\xi^1) + y_2(\xi^1) \leq x^0(\bar{\xi}) = 1000 \\
& y_1(\xi^1) \leq \xi^1 = 800 \\
& y_1(\xi^1), y_2(\xi^1) \geq 0
\end{aligned}
\tag{1.2}
$$

を解く．この場合は，仕入れた量が実現した需要量を上回る．そこで，すでに仕入れた焼き鳥を 1 本 100 円でできるだけ多くのお客さんに売り，1 本 10 円でしか引き取ってもらえない売れ残りは極力少なくしたい．明らかに ξ^1 のもとでの最適解は，$y_1^0(\xi^1) = 800$, $y_2^0(\xi^1) = 200$ である.

もし $\xi^2 = 1200$ が実現した場合には

$$
\begin{aligned}
\min_{y_1(\xi^2),y_2(\xi^2)} \quad & -100y_1(\xi^2) - 10y_2(\xi^2) \\
\text{s.t.} \quad & y_1(\xi^2) + y_2(\xi^2) \leq x^0(\bar{\xi}) = 1000 \\
& y_1(\xi^2) \leq \xi^2 = 1200 \\
& y_1(\xi^2), y_2(\xi^2) \geq 0
\end{aligned}
\tag{1.3}
$$

を解く．この場合は，仕入れた量が実現した需要量を下回る．明らかに ξ^2 のもとでの最適解は，$y_1^0(\xi^2) = 1000$, $y_2^0(\xi^2) = 0$ である．売れ残りは発生しないが，お客さんの需要をすべて満たせないケースである．

以上のように，A 君は焼き鳥の平均的な需要量に着目して仕入れを行い，学園祭当日に実現する需要量に応じて異なる費用が生じる．実現値 ξ^k に応じた費用はそれぞれ

$$V(x^0(\bar{\xi}),\xi^1) = 60x^0(\bar{\xi}) - 100y_1^0(\xi^1) - 10y_2^0(\xi^1) = -22000$$
$$V(x^0(\bar{\xi}),\xi^2) = 60x^0(\bar{\xi}) - 100y_1^0(\xi^2) - 10y_2^0(\xi^2) = -40000$$

となる．したがって，A 君の仕入れ量が $x^0(\bar{\xi}) = 1000$ 本のときの費用の期待値は

$$\mathbb{E}\left[V(x^0(\bar{\xi}),\tilde{\xi})\right] = \frac{1}{2}(-22000 - 40000) = -31000 \tag{1.4}$$

である．

1.1.3　確率計画法による意思決定

前項では焼き鳥の需要量の単純な期待値に着目した．これに対して，費用の期待値に着目して仕入れ量 x を決める方法が考えられる．学園祭当日の需要量 ξ^k の実現は，確率 p^k の付されたシナリオとみなすことができる．そこで，想定しうるあらゆるシナリオのもとで，平均的な意味で費用を最小化 (利益を最大化) することを考えよう．費用の期待値に関する最適化問題を解くのは，確率計画法の典型的な問題である．

焼き鳥の販売量 y_1 と業者の引き取り量 y_2 は，各シナリオに対応する変数であることを明示するために，$y_1(\xi^k), y_2(\xi^k)$ と表すこととする．今，ある仕入れ量 x を所与として，需要量 ξ^k (シナリオ k) が実現するとしよう．このシナリオに対して A 君は次の問題を解く．

$$\begin{aligned} Q(x,\xi^k) = \min_{y_1(\xi^k),\, y_2(\xi^k)} \quad & -100y_1(\xi^k) - 10y_2(\xi^k) \\ \text{s.t.} \quad & y_1(\xi^k) + y_2(\xi^k) \le x \\ & y_1(\xi^k) \le \xi^k \\ & y_1(\xi^k), y_2(\xi^k) \ge 0 \end{aligned} \tag{1.5}$$

$Q(x,\xi^k)$ はシナリオごとに異なる値をとりうる．A 君は，需要量 ξ^k が実現す

る前に仕入れ量 x を決める必要があり，あらゆるシナリオのもとで期待費用が最小となるように次の問題を解く．

$$\begin{aligned} \min_{x} \; & 60x + \mathbb{E}\big[Q(x,\tilde{\xi})\big] \\ \text{s.t.} \quad & 0 \le x \le 1500 \end{aligned} \tag{1.6}$$

問題 (1.5) と問題 (1.6) をまとめて表現すると，あらゆるシナリオのもとでの期待費用の最小化問題は，次の線形計画問題として表せる．

$$\begin{aligned} \min_{\substack{x, y_1(\xi^1), y_1(\xi^2), \\ y_2(\xi^1), y_2(\xi^2)}} \quad & 60x + \sum_{k=1}^{2} \frac{1}{2}\big(-100y_1(\xi^k) - 10y_2(\xi^k)\big) \\ \text{s.t.} \quad & 0 \le x \le 1500 \\ & y_1(\xi^k) + y_2(\xi^k) \le x, \quad k = 1,2 \\ & y_1(\xi^k) \le \xi^k, \quad k = 1,2 \\ & y_1(\xi^k), y_2(\xi^k) \ge 0, \quad k = 1,2 \end{aligned} \tag{1.7}$$

問題 (1.7) の最適解は，$x^* = 800$, $y_1^*(\xi^1) = y_1^*(\xi^2) = 800$, $y_2^*(\xi^1) = y_2^*(\xi^2) = 0$ である．第 2 章では，この問題を 2 段階の確率計画問題として捉えて解法を示す．また，問題 (1.7) は通常の線形計画問題であるので，汎用のソルバーを用いて容易に最適解を得ることも可能である．

あらゆるシナリオを考慮した上で仕入れ量 $x^* = 800$ を選択すると，費用の期待値は

$$\mathbb{E}\big[V(x^*,\tilde{\xi})\big] = -32000 \tag{1.8}$$

となる．ここで

$$\mathbb{E}\big[V(x^*,\tilde{\xi})\big] = -32000 < -31000 = \mathbb{E}\big[V(x^0(\bar{\xi}),\tilde{\xi})\big] \tag{1.9}$$

が成立することに注意しよう．つまり，確率変数の単純な期待値を用いた 1.1.2 項の意思決定よりも，あらゆるシナリオのもとでの期待費用を考慮した意思決定の方がよい結果をもたらしている．

1.1.4 完全情報と待機決定

次に，ξ^k が実現した後で x を決定できる特殊な状況を考えてみよう．1.1.3

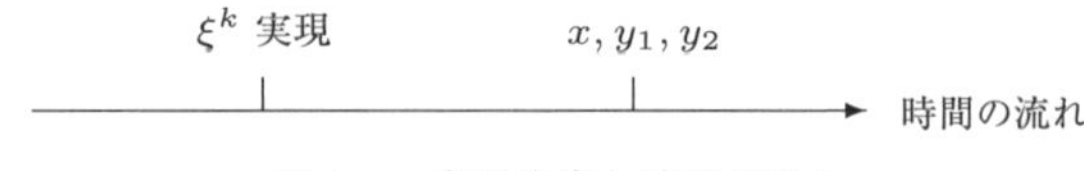

図 1.2　意思決定と時間の流れ

項では，x は ξ^k が実現する前に決定する必要があり，**即時決定** (here-and-now decision) とよばれる．一方，ξ^k が実現した後で x を決定できる場合は，**待機決定** (wait-and-see decision) とよばれる．たとえば，焼き鳥の製造所がたまたま大学のすぐ隣にあり，学園祭当日にも営業して臨機応変に焼き鳥を卸してくれるような特殊な状況であれば，このような待機決定が可能となるかもしれない．図 1.2 は待機決定の時系列を示している．

選択すべき変数はすべて，需要量の実現値 ξ^k に依存することを明示するために，$x(\xi^k), y_1(\xi^k), y_2(\xi^k)$ と表すことにする．もし $\xi^1 = 800$ が実現した場合には

$$
\begin{aligned}
\min_{x(\xi^1),y_1(\xi^1),y_2(\xi^1)} \quad & 60x(\xi^1) - 100y_1(\xi^1) - 10y_2(\xi^1) \\
\text{s.t.} \quad & 0 \le x(\xi^1) \le 1500 \\
& y_1(\xi^1) + y_2(\xi^1) \le x(\xi^1) \\
& y_1(\xi^1) \le \xi^1 = 800 \\
& y_1(\xi^1), y_2(\xi^1) \ge 0
\end{aligned}
\tag{1.10}
$$

を解く．実現した需要量に合わせてすぐに仕入れができるのであれば，過不足なく焼き鳥を仕入れて販売し売れ残りを出さないのが最適である．明らかに ξ^1 のもとでの最適解は，$x^{**}(\xi^1) = y_1^{**}(\xi^1) = 800$，$y_2^{**}(\xi^1) = 0$ である．

もし $\xi^2 = 1200$ が実現した場合には

$$
\begin{aligned}
\min_{x(\xi^2),y_1(\xi^2),y_2(\xi^2)} \quad & 60x(\xi^2) - 100y_1(\xi^2) - 10y_2(\xi^2) \\
\text{s.t.} \quad & 0 \le x(\xi^2) \le 1500 \\
& y_1(\xi^2) + y_2(\xi^2) \le x(\xi^2) \\
& y_1(\xi^2) \le \xi^2 = 1200 \\
& y_1(\xi^2), y_2(\xi^2) \ge 0
\end{aligned}
\tag{1.11}
$$

を解く．やはりこの場合も，過不足なく焼き鳥を仕入れて販売し，売れ残りを出さないですむ．明らかに ξ^2 のもとでの最適解は，$x^{**}(\xi^2) = y_1^{**}(\xi^2) = 1200$，$y_2^{**}(\xi^2) = 0$ である．

待機決定の場合も，学園祭当日に実現する需要量に応じて異なる費用が生じる．実現値 ξ^k に応じた費用はそれぞれ

$$V(x^{**}(\xi^1), \xi^1) = 60x^{**}(\xi^1) - 100y_1^{**}(\xi^1) - 10y_2^{**}(\xi^1) = -32000$$
$$V(x^{**}(\xi^2), \xi^2) = 60x^{**}(\xi^2) - 100y_1^{**}(\xi^2) - 10y_2^{**}(\xi^2) = -48000$$

となる．よって，待機決定の場合の費用の期待値は

$$\mathbb{E}\big[V(x^{**}(\tilde{\xi}), \tilde{\xi})\big] = \frac{1}{2}(-32000 - 48000) = -40000 \qquad (1.12)$$

である．

1.1.3 項の即時決定の場合と比べると

$$\mathbb{E}\big[V(x^{**}(\tilde{\xi}), \tilde{\xi})\big] = -40000 < -32000 = \mathbb{E}\big[V(x^{*}, \tilde{\xi})\big] \qquad (1.13)$$

が成り立つことに注意しよう．待機決定は，少し言い方を変えると，完全な情報をもっている場合とも解釈できる．A 君のケースでは，意思決定時に焼き鳥の需要量が完全に既知である．よって式 (1.13) は，もしも意思決定者が完全情報を得るならば，より有利となりうることを示唆している．しかしながら，このようなことは現実には稀である．現実の世界では，何らかの意思決定をする段階で重要な情報がまだ明らかになっていないことが多いため，1.1.3 項で述べた確率計画法が威力を発揮する．

1.2　2 段階確率計画問題

1.2.1　2 段階の確率線形計画問題

1.1.3 項の確率計画問題の例は，2 段階に分けて考えることができた．問題 (1.5) と問題 (1.6) をもう 1 度見てみよう．まず，確率変数 $\tilde{\xi}$ に関して特定の値が実現する前が 1 段階目にあたる．A 君は，焼き鳥の需要量 ξ^k が実現する前に **1 段階目の変数** (first-stage variable) である仕入れ量 x を決める必要があり，あ

らゆるシナリオのもとで期待費用が最小となるように問題 (1.6) を解く．そして，確率変数 $\tilde{\xi}$ に関して特定の値が実現した後が 2 段階目である．焼き鳥の需要量 ξ^k が実現した後に，**2 段階目の変数** (second-stage variable) である焼き鳥の販売量 $y_1(\xi^k)$ と業者の引き取り量 $y_2(\xi^k)$ が，問題 (1.5) の最適解として決まる．このような構造をもつ問題は，**2 段階確率計画問題** (two-stage stochastic programming problem) とよばれる．

確率計画法では，実用上，線形の問題を扱うことが多い．以下では，**2 段階の確率線形計画問題** (two-stage stochastic linear programming problem) の一般的な定式化を行う．本書では，特に断らない限り確率線形計画問題を対象として議論する．

まず，1 段階目の変数を n_1 次元ベクトル $\boldsymbol{x}$ で表し，それに係るパラメータを n_1 次元ベクトル $\boldsymbol{c}$ とする．1 段階目の問題の制約条件に関して，$m_1 \times n_1$ 行列 $\boldsymbol{A}$ と m_1 次元ベクトル $\boldsymbol{b}$ が確定的に与えられるものとする．次に，2 段階目の変数を n_2 次元ベクトル $\boldsymbol{y}$ で表し，それに係るパラメータを n_2 次元ベクトル $\boldsymbol{q}$ とする．2 段階目の問題の制約条件に関して，$m_2 \times n_1$ 行列 $\boldsymbol{T}$ と $m_2 \times n_2$ 行列 $\boldsymbol{W}$，m_2 次元ベクトル $\boldsymbol{h}$ が与えられる．確率変数 $\tilde{\boldsymbol{\xi}}$ とその実現値 $\boldsymbol{\xi}$ はそれぞれ l 次元ベクトルで表されるとする．$\tilde{\boldsymbol{\xi}}$ に関して，確率測度 $\mathbb{P}$ と，確率変数がとりうる値の集合である台 $\Xi \subset \mathbb{R}^l$ が与えられているものとする．Ξ は，$\mathbb{P}(\Xi) = 1$ を満たす最小の閉集合と定義される．

以上の設定のもとで，確率変数 $\tilde{\boldsymbol{\xi}}$ がある値を実現する前に 1 段階目の変数 $\boldsymbol{x}$ を決定し，確率変数の実現値 $\boldsymbol{\xi}$ が観察された後に 2 段階目の変数 $\boldsymbol{y}$ を決める．このような 2 段階の確率線形計画問題は以下の形で表現される．

$$
\begin{aligned}
\min_{\boldsymbol{x}} \ & \boldsymbol{c}^\top \boldsymbol{x} + \mathbb{E}\big[Q(\boldsymbol{x}, \tilde{\boldsymbol{\xi}})\big] \\
\text{s.t.} \ & \boldsymbol{A}\boldsymbol{x} = \boldsymbol{b} \\
& \boldsymbol{x} \geq \boldsymbol{0}
\end{aligned}
\tag{1.14}
$$

ただし，ここで $Q(\boldsymbol{x}, \boldsymbol{\xi})$ は，確率変数の個々の実現値 $\boldsymbol{\xi}$ に対して次の 2 段階目の問題を解くときの最適値関数である．

$$
Q(\boldsymbol{x}, \boldsymbol{\xi}) = \min_{\boldsymbol{y}} \boldsymbol{q}^\top \boldsymbol{y} \tag{1.15}
$$

$$\text{s.t.}\quad \boldsymbol{T}\boldsymbol{x} + \boldsymbol{W}\boldsymbol{y} = \boldsymbol{h}$$
$$\boldsymbol{y} \geq \boldsymbol{0}$$

2 段階目の問題 (1.15) は，等式制約 $\boldsymbol{T}\boldsymbol{x} = \boldsymbol{h}$ が満たされない場合にペナルティが課されるとして，そのペナルティを最小化する問題だと解釈することもできる．すなわち，$\boldsymbol{h}$ と $\boldsymbol{T}\boldsymbol{x}$ の乖離を $\boldsymbol{W}\boldsymbol{y} = \boldsymbol{h} - \boldsymbol{T}\boldsymbol{x}$ と評価する．そして，$\boldsymbol{y}$ に 1 単位あたり $\boldsymbol{q}$ のペナルティが課されると考え，$\boldsymbol{q}^\top\boldsymbol{y}$ を最小化する．この解釈では，確率変数が実現する前に 1 段階目で $\boldsymbol{x}$ を決定し，その後に確率変数がある値を実現することで等式制約 $\boldsymbol{T}\boldsymbol{x} = \boldsymbol{h}$ が満たされない場合には，逸脱に応じたペナルティが生じるとみなすのである．この意味で，$Q(\boldsymbol{x}, \boldsymbol{\xi})$ はリコース費用 (recourse cost) ないしリコース関数 (recourse function) とよばれることがある．リコースは金融分野の用語である償還請求とも訳される．また，$\boldsymbol{W}$ をリコース行列，2 段階目の問題 (1.15) をリコース問題とよぶこともある．

一般に，2 段階目の問題の変数やパラメータは，確率変数の実現値 $\boldsymbol{\xi}$ に依存しうる．このことを明示すれば，変数やパラメータを $\boldsymbol{y}(\boldsymbol{\xi}), \boldsymbol{q}(\boldsymbol{\xi}), \boldsymbol{T}(\boldsymbol{\xi}), \boldsymbol{W}(\boldsymbol{\xi}), \boldsymbol{h}(\boldsymbol{\xi})$ と表現することができる．考える問題の種類によっては，パラメータの一部のみが確率変数の実現値に依存すると仮定することもできる．特に，リコース行列 $\boldsymbol{W}$ が $\boldsymbol{\xi}$ に依存せず固定されている場合を，**固定リコース問題** (fixed recourse problem) とよぶ．固定リコース問題では実行可能領域の扱いがより容易であるため，実践的な問題ではリコース行列が固定される場合を分析することが多い．固定リコースをもつことを明示した確率線形計画問題は以下のように表現できる．

$$\min_{\boldsymbol{x}} \boldsymbol{c}^\top\boldsymbol{x} + \mathbb{E}\big[Q(\boldsymbol{x}, \tilde{\boldsymbol{\xi}})\big] \tag{1.16}$$
$$\text{s.t.}\quad \boldsymbol{A}\boldsymbol{x} = \boldsymbol{b}$$
$$\boldsymbol{x} \geq \boldsymbol{0}$$

ただし，ここで $Q(\boldsymbol{x}, \boldsymbol{\xi})$ は，次の固定リコース問題の最適値関数である．

$$Q(\boldsymbol{x}, \boldsymbol{\xi}) = \min_{\boldsymbol{y}(\boldsymbol{\xi})} \boldsymbol{q}(\boldsymbol{\xi})^\top\boldsymbol{y}(\boldsymbol{\xi}) \tag{1.17}$$
$$\text{s.t.}\quad \boldsymbol{T}(\boldsymbol{\xi})\boldsymbol{x} + \boldsymbol{W}\boldsymbol{y}(\boldsymbol{\xi}) = \boldsymbol{h}(\boldsymbol{\xi})$$
$$\boldsymbol{y}(\boldsymbol{\xi}) \geq \boldsymbol{0}$$

1.2.2 離散確率分布

2段階の確率線形計画問題の計算において困難を伴う点は，リコース関数の期待値 $\mathbb{E}\big[Q(\boldsymbol{x},\tilde{\boldsymbol{\xi}})\big]$ の扱いである [*3)]．特に，$\tilde{\boldsymbol{\xi}}$ が連続確率分布にしたがう場合には，リコース関数の期待値 $\mathscr{Q}(\boldsymbol{x})$ を計算するのは一般に困難である．

$$\mathscr{Q}(\boldsymbol{x}) = \mathbb{E}\big[Q(\boldsymbol{x},\tilde{\boldsymbol{\xi}})\big] = \int_{\Xi} Q(\boldsymbol{x},\boldsymbol{\xi})\mathrm{d}\mathbb{P} \tag{1.18}$$

$$Q(\boldsymbol{x},\boldsymbol{\xi}) = \min_{\boldsymbol{y}(\boldsymbol{\xi})}\big\{\boldsymbol{q}(\boldsymbol{\xi})^\top \boldsymbol{y}(\boldsymbol{\xi}) \mid \boldsymbol{T}(\boldsymbol{\xi})\boldsymbol{x} + \boldsymbol{W}\boldsymbol{y}(\boldsymbol{\xi}) = \boldsymbol{h}(\boldsymbol{\xi}),\ \boldsymbol{y}(\boldsymbol{\xi}) \geq \boldsymbol{0}\big\}$$

他方，$\tilde{\boldsymbol{\xi}}$ が離散確率分布にしたがう場合には，$\mathscr{Q}(\boldsymbol{x})$ の扱いはより容易となる．今，確率変数 $\tilde{\boldsymbol{\xi}}$ の実現値を $\big\{\boldsymbol{\xi}^1,\ldots,\boldsymbol{\xi}^K\big\}$ とし，確率 p^k の付されたシナリオ $\boldsymbol{\xi}^k$, $k=1,\ldots,K$ とみなす [*4)]．すると $\mathscr{Q}(\boldsymbol{x})$ は，有限のシナリオを考えて $Q(\boldsymbol{x},\boldsymbol{\xi}^k)$ に関する期待値を計算することで求まる．

$$\mathscr{Q}(\boldsymbol{x}) = \sum_{k=1}^{K} p^k Q(\boldsymbol{x},\boldsymbol{\xi}^k) \tag{1.19}$$

$$Q(\boldsymbol{x},\boldsymbol{\xi}^k) = \min_{\boldsymbol{y}(\boldsymbol{\xi}^k)}\big\{\boldsymbol{q}(\boldsymbol{\xi}^k)^\top \boldsymbol{y}(\boldsymbol{\xi}^k) \mid \boldsymbol{T}(\boldsymbol{\xi}^k)\boldsymbol{x} + \boldsymbol{W}\boldsymbol{y}(\boldsymbol{\xi}^k) = \boldsymbol{h}(\boldsymbol{\xi}^k),\ \boldsymbol{y}(\boldsymbol{\xi}^k) \geq \boldsymbol{0}\big\}$$

問題 (1.19) をさらに整理すると，リコース関数の期待値 $\mathscr{Q}(\boldsymbol{x})$ は，結局次の線形計画問題を解くときの最適値関数となる．

$$\begin{aligned} \mathscr{Q}(\boldsymbol{x}) = \min_{\boldsymbol{y}(\boldsymbol{\xi}^1),\ldots,\boldsymbol{y}(\boldsymbol{\xi}^K)} \quad & \sum_{k=1}^{K} p^k \boldsymbol{q}(\boldsymbol{\xi}^k)^\top \boldsymbol{y}(\boldsymbol{\xi}^k) \\ \text{s.t.} \quad & \boldsymbol{T}(\boldsymbol{\xi}^k)\boldsymbol{x} + \boldsymbol{W}\boldsymbol{y}(\boldsymbol{\xi}^k) = \boldsymbol{h}(\boldsymbol{\xi}^k),\quad k=1,\ldots,K \\ & \boldsymbol{y}(\boldsymbol{\xi}^k) \geq \boldsymbol{0},\quad k=1,\ldots,K \end{aligned} \tag{1.20}$$

最後に，問題 (1.20) を用いて1段階目と2段階目の問題全体を整理すると，元々の2段階確率線形計画問題は以下の一般的な線形計画問題として定式化できる．

---

*3) 「リコース関数の期待値」それ自体をリコース関数とよぶこともある．

*4) ここでは，多次元空間上の標本点に適当な辞書的順序で番号を付すことで，多次元から1次元への分布の変換が行われている．

$$\begin{aligned}
\min_{\boldsymbol{x},\boldsymbol{y}(\boldsymbol{\xi}^1),\ldots,\boldsymbol{y}(\boldsymbol{\xi}^K)} \quad & \boldsymbol{c}^\top \boldsymbol{x} + \sum_{k=1}^{K} p^k \boldsymbol{q}(\boldsymbol{\xi}^k)^\top \boldsymbol{y}(\boldsymbol{\xi}^k) \\
\text{s.t.} \quad & \boldsymbol{A}\boldsymbol{x} = \boldsymbol{b} \\
& \boldsymbol{T}(\boldsymbol{\xi}^k)\boldsymbol{x} + \boldsymbol{W}\boldsymbol{y}(\boldsymbol{\xi}^k) = \boldsymbol{h}(\boldsymbol{\xi}^k), \quad k = 1,\ldots,K \\
& \boldsymbol{x} \geq \boldsymbol{0} \\
& \boldsymbol{y}(\boldsymbol{\xi}^k) \geq \boldsymbol{0}, \quad k = 1,\ldots,K
\end{aligned} \tag{1.21}$$

実際に 1.1.3 項では，離散確率分布を仮定する確率線形計画問題の簡単な例を用いて，2 段階の構造をもつ問題 (1.5) と問題 (1.6) をまとめることで，問題 (1.7) のような通常の線形計画問題を定式化できることを述べた．このように，確率変数が離散確率分布にしたがう場合には，2 段階の確率線形計画問題を一般的な線形計画問題として捉えることができる．ただし，想定されるシナリオの数が増えるにつれて，解くべき線形計画問題も大規模となる．

1.3 確率計画法と情報

1.3.1 異なる意思決定の結果

1.1.2 項から 1.1.4 項では，確率変数の単純な期待値を用いた意思決定，リコースを有する確率計画問題の即時決定，完全情報を仮定した場合の待機決定の違いを，簡単な数値例により比較した．本項では，これらの意思決定法のもたらす結果の相違について，一般的な形で考察する．

ここで，確率変数 $\tilde{\boldsymbol{\xi}}$ のある実現値 $\boldsymbol{\xi}$ に対して，次の関数 $V(\boldsymbol{x},\boldsymbol{\xi})$ を定義する．

$$\begin{aligned}
V(\boldsymbol{x},\boldsymbol{\xi}) &= \boldsymbol{c}^\top \boldsymbol{x} + Q(\boldsymbol{x},\boldsymbol{\xi}) \\
&= \boldsymbol{c}^\top \boldsymbol{x} + \min_{\boldsymbol{y}(\boldsymbol{\xi})} \{ \boldsymbol{q}(\boldsymbol{\xi})^\top \boldsymbol{y}(\boldsymbol{\xi}) \mid \boldsymbol{T}(\boldsymbol{\xi})\boldsymbol{x} + \boldsymbol{W}\boldsymbol{y}(\boldsymbol{\xi}) = \boldsymbol{h}(\boldsymbol{\xi}),\ \boldsymbol{y}(\boldsymbol{\xi}) \geq \boldsymbol{0} \}
\end{aligned} \tag{1.22}$$

確率変数の分布は連続型でも離散型でもどちらでもかまわない．

まず 1.1.2 項では，焼き鳥の需要量の単純な期待値に着目して仕入れ量を決めた．確率変数 $\tilde{\boldsymbol{\xi}}$ の期待値のベクトルを $\bar{\boldsymbol{\xi}}$ とし，それに基づいて求めた最適解を $\boldsymbol{x}^0(\bar{\boldsymbol{\xi}})$ とする．すると，確率変数の単純な期待値を用いた意思決定は次の問題として定式化できる．

$$V\big(\boldsymbol{x}^0(\bar{\boldsymbol{\xi}}),\bar{\boldsymbol{\xi}}\big) = \min_{\boldsymbol{x}} V(\boldsymbol{x},\bar{\boldsymbol{\xi}}) \quad \text{s.t.} \quad \boldsymbol{A}\boldsymbol{x} = \boldsymbol{b}, \quad \boldsymbol{x} \geq \boldsymbol{0} \tag{1.23}$$

1.1.2 項で述べたように，仕入れ量を決めた後で，学園祭当日に実際の焼き鳥の需要量が判明する．そして，実現する需要量に応じて最終的な費用も変わってくる．問題 (1.23) でも同様に，$\boldsymbol{x}^0(\bar{\boldsymbol{\xi}})$ を決めた後に $\boldsymbol{\xi}$ が実現し，それに応じて $V\big(\boldsymbol{x}^0(\bar{\boldsymbol{\xi}}),\boldsymbol{\xi}\big)$ の値も変わるので，期待値を計算すると

$$EEV = \mathbb{E}\big[V\big(\boldsymbol{x}^0(\bar{\boldsymbol{\xi}}),\tilde{\boldsymbol{\xi}}\big)\big] \tag{1.24}$$

が求まる *5)．

次に 1.1.3 項では，需要量の単純な期待値ではなく，費用の期待値に着目して仕入れ量を決めた．それは，想定しうるあらゆるシナリオのもとで，平均的な意味で費用を最小化 (利益を最大化) する方法であった．1.2 節では，リコースを有する 2 段階の確率線形計画問題として，より一般的な定式化を行った．問題 (1.14) と問題 (1.15) は

$$\min_{\boldsymbol{x}} \mathbb{E}\big[V(\boldsymbol{x},\tilde{\boldsymbol{\xi}})\big] \quad \text{s.t.} \quad \boldsymbol{A}\boldsymbol{x} = \boldsymbol{b}, \quad \boldsymbol{x} \geq \boldsymbol{0} \tag{1.25}$$

を解くことと同じである．この問題の最適解を $\boldsymbol{x}^*$ とおくと，目的関数の最適値は

$$RP = \mathbb{E}\big[V(\boldsymbol{x}^*,\tilde{\boldsymbol{\xi}})\big] \tag{1.26}$$

と表せる *6)．

最後に 1.1.4 項では，焼き鳥の需要量が完全に既知であると仮定した場合の待機決定の状況を考えた．ここでは，確率変数 $\tilde{\boldsymbol{\xi}}$ の実現値 $\boldsymbol{\xi}$ を知った上で求め

---

*5) 問題 (1.23) は，**期待値問題** (expected value problem) ないし EV とよばれることがある．式 (1.24) は，さらに EV の期待値をとることから EEV と称される．

*6) **リコース問題** (recourse problem) を含む確率計画問題を考えることから RP と称される．

た最適解を $\boldsymbol{x}^{**}(\boldsymbol{\xi})$ とする．すると，$\boldsymbol{\xi}$ に基づく待機決定は次の問題として定式化される．

$$V\big(\boldsymbol{x}^{**}(\boldsymbol{\xi}),\boldsymbol{\xi}\big)=\min_{\boldsymbol{x}} V(\boldsymbol{x},\boldsymbol{\xi}) \tag{1.27}$$
$$\text{s.t.} \quad \boldsymbol{A}\boldsymbol{x}=\boldsymbol{b}$$
$$\boldsymbol{x}\geq \boldsymbol{0}$$

1.1.4 項の待機決定の場合において，学園祭当日に実現する需要量に応じて異なる費用が生じるのでその期待値を計算した．同様に，$V\big(\boldsymbol{x}^{**}(\boldsymbol{\xi}),\boldsymbol{\xi}\big)$ に関する期待値を計算すると

$$WS=\mathbb{E}\big[V\big(\boldsymbol{x}^{**}(\tilde{\boldsymbol{\xi}}),\tilde{\boldsymbol{\xi}}\big)\big] \tag{1.28}$$

が求まる [*7]．

1.3.2 確率的解法の価値

前項では，3 つの異なる意思決定がもたらす結果を一般的に定式化した．これらの意思決定に関して，それぞれの目的関数の最適値 EEV, RP, WS の間に次の関係が成立する．

命題 1.1 $WS\leq RP\leq EEV$.

証明 $\boldsymbol{x}^{**}(\boldsymbol{\xi})$ は $\min_{\boldsymbol{x}}\big\{V(\boldsymbol{x},\boldsymbol{\xi})\mid \boldsymbol{A}\boldsymbol{x}=\boldsymbol{b},\ \boldsymbol{x}\geq\boldsymbol{0}\big\}$ の最適解であるが，$\boldsymbol{x}^{*}$ はそうでない．よって，$V\big(\boldsymbol{x}^{**}(\boldsymbol{\xi}),\boldsymbol{\xi}\big)\leq V\big(\boldsymbol{x}^{*},\boldsymbol{\xi}\big)$ が成り立つ．両辺の期待値をとると

$$WS=\mathbb{E}\big[V\big(\boldsymbol{x}^{**}(\tilde{\boldsymbol{\xi}}),\tilde{\boldsymbol{\xi}}\big)\big]\leq \mathbb{E}\big[V(\boldsymbol{x}^{*},\tilde{\boldsymbol{\xi}})\big]=RP$$

が成立する．$\boldsymbol{x}^{*}$ は $\min_{\boldsymbol{x}}\big\{\mathbb{E}\big[V(\boldsymbol{x},\tilde{\boldsymbol{\xi}})\big]\mid \boldsymbol{A}\boldsymbol{x}=\boldsymbol{b},\ \boldsymbol{x}\geq\boldsymbol{0}\big\}$ の最適解であるが，$\boldsymbol{x}^{0}(\bar{\boldsymbol{\xi}})$ はそうでない．したがって

$$RP=\mathbb{E}\big[V(\boldsymbol{x}^{*},\tilde{\boldsymbol{\xi}})\big]\leq \mathbb{E}\big[V\big(\boldsymbol{x}^{0}(\bar{\boldsymbol{\xi}}),\tilde{\boldsymbol{\xi}}\big)\big]=EEV$$

が成立する． □

[*7] WS のよび方は，待機決定の英語 wait-and-see からきている．

WS が最良の結果となるのは，完全情報のもとで待機決定を行う場合であることから理解しやすいであろう．RP と WS の差は，**完全情報の期待価値** (expected value of perfect information: $EVPI$) としばしばよばれる．

$$EVPI = RP - WS \geq 0 \tag{1.29}$$

これは，不確実性下で意思決定をする者にとって，完全情報を得ることの価値を示している．

一方，RP は EEV と同等かよりよい結果となる．確率変数の単純な期待値に基づいて $\boldsymbol{x}^0(\bar{\boldsymbol{\xi}})$ を決定することは，確率的な状況に対処するには限定的である．リコース費用の期待値を考慮して $\boldsymbol{x}^*$ を決定する確率計画法がより有利となる．EEV と RP の差は，**確率的解法の価値** (value of stochastic solution: VSS) とよばれることがある．

$$VSS = EEV - RP \geq 0 \tag{1.30}$$

完全な情報が望めないとき，不確実性下の意思決定には確率計画法が有効である．

1.4 確率制約問題

これまで，確率計画法の典型的な問題である 2 段階確率計画問題を概観した．確率計画法の対象とする問題には，この他に，**確率制約問題** (probabilistically constrained problem) がある．確率制約問題は**機会制約問題** (chance constrained problem) とよばれることもある．

2 段階確率計画問題では，制約条件が満たされない場合にペナルティが課されるとして，リコース費用ないしリコース関数に着目した．他方，確率制約問題では，制約条件が満たされる確率に着目する．次の条件は，確率制約条件ないし機会制約条件とよばれる．

$$\mathbb{P}\big(\boldsymbol{T}(\tilde{\boldsymbol{\xi}})\boldsymbol{x} \geq \boldsymbol{h}(\tilde{\boldsymbol{\xi}})\big) \geq \alpha \tag{1.31}$$

これは，制約条件 $\boldsymbol{T}(\boldsymbol{\xi})\boldsymbol{x} \geq \boldsymbol{h}(\boldsymbol{\xi})$ の満たされる確率が $\alpha \in (0,1)$ 以上であるという制約を課すことを意味する [*8]．たとえば，$\boldsymbol{T}(\boldsymbol{\xi})\boldsymbol{x}$ をある企業の製品群の

[*8] 式 (1.31) では複数の制約条件が同時に満たされる確率を考えている．制約条件ごとに満たすべき確率を個別に設定することも考えられる．

供給量のベクトル，$\boldsymbol{h}(\boldsymbol{\xi})$ をその需要量のベクトルとすると，供給が需要を満たす確率を α 以上にする制約である．

確率制約条件を導入して，確率変数の値が実現する前に $\boldsymbol{x}$ を決定する確率制約問題は次のように表される．

$$
\begin{aligned}
\min_{\boldsymbol{x}}\ & \boldsymbol{c}^\top \boldsymbol{x} \qquad (1.32)\\
\text{s.t.}\quad & \boldsymbol{A}\boldsymbol{x} = \boldsymbol{b}\\
& \mathbb{P}\big(\boldsymbol{T}(\tilde{\boldsymbol{\xi}})\boldsymbol{x} \geq \boldsymbol{h}(\tilde{\boldsymbol{\xi}})\big) \geq \alpha\\
& \boldsymbol{x} \geq \boldsymbol{0}
\end{aligned}
$$

確率制約問題はリコースがなく 1 段階のみで定式化される．この問題は，一般には非凸計画問題となる．また，確率制約条件の計算には一般に多重積分が必要となり，計算の負荷も大きい．次章では，2 段階確率計画問題に焦点を絞って解法について解説する．

演 習 問 題

問題 1.1　第 1 章の模擬店の例で，焼き鳥の仕入れ価格が 1 本 60 円から 50 円に低下したとする．確率計画法による意思決定を線形計画問題として定式化して，汎用のソルバーを用いて最適解を求めよ．

問題 1.2　問題 1.1 の設定のもとで，EEV, RP, WS を計算し，命題 1.1 が成立することを確認せよ．

CHAPTER 2

2段階確率計画問題の解法

2.1 離散確率分布の場合の解法

2.1.1 解法の方針

前章では，確率変数が離散確率分布にしたがう場合に，2段階の確率線形計画問題を一般的な線形計画問題として定式化できることを述べた．1.2.2項の固定リコース問題のケースを下記に再掲する．

$$\begin{aligned}
\min_{\boldsymbol{x},\boldsymbol{y}(\boldsymbol{\xi}^1),\ldots,\boldsymbol{y}(\boldsymbol{\xi}^K)} \quad & \boldsymbol{c}^\top \boldsymbol{x} + \sum_{k=1}^{K} p^k \boldsymbol{q}(\boldsymbol{\xi}^k)^\top \boldsymbol{y}(\boldsymbol{\xi}^k) \\
\text{s.t.} \quad & \boldsymbol{A}\boldsymbol{x} = \boldsymbol{b} \\
& \boldsymbol{T}(\boldsymbol{\xi}^k)\boldsymbol{x} + \boldsymbol{W}\boldsymbol{y}(\boldsymbol{\xi}^k) = \boldsymbol{h}(\boldsymbol{\xi}^k), \quad k = 1,\ldots,K \\
& \boldsymbol{x} \geq \boldsymbol{0} \\
& \boldsymbol{y}(\boldsymbol{\xi}^k) \geq \boldsymbol{0}, \quad k = 1,\ldots,K
\end{aligned} \tag{2.1}$$

この問題は，線形計画法 (linear programming) のアルゴリズムにより解くことを試みることができる．実用面では，シンプレックス法 (simplex method) やその他のアルゴリズムを実装する線形計画問題用の汎用ソルバーを利用することが可能である．想定されるシナリオの数が増えるにつれ，変数と制約式の数も増大するので，大規模な線形計画問題となりうる．ただ，コンピューターの処理能力や汎用ソルバーの性能向上により，大規模な線形計画問題であっても高速に効率的に解ける場合が多い．

他方，問題 (2.1) の特殊な構造を利用して，分解法 (decomposition method)

により解くことを試みることもできる．問題 (2.1) の 2 つの等式制約は次の行列の形式で表現できる．

$$
\begin{pmatrix}
\boldsymbol{A} & & & & \\
\boldsymbol{T}(\boldsymbol{\xi}^1) & \boldsymbol{W} & & & \\
\boldsymbol{T}(\boldsymbol{\xi}^2) & & \boldsymbol{W} & & \\
\vdots & & & \ddots & \\
\boldsymbol{T}(\boldsymbol{\xi}^K) & & & & \boldsymbol{W}
\end{pmatrix}
\begin{pmatrix}
\boldsymbol{x} \\ \boldsymbol{y}(\boldsymbol{\xi}^1) \\ \boldsymbol{y}(\boldsymbol{\xi}^2) \\ \vdots \\ \boldsymbol{y}(\boldsymbol{\xi}^K)
\end{pmatrix}
=
\begin{pmatrix}
\boldsymbol{b} \\ \boldsymbol{h}(\boldsymbol{\xi}^1) \\ \boldsymbol{h}(\boldsymbol{\xi}^2) \\ \vdots \\ \boldsymbol{h}(\boldsymbol{\xi}^K)
\end{pmatrix}
\tag{2.2}
$$

最初の行列は**ブロック角型構造** (block angular structure) をもつといわれ，分解法を用いるのに適している．分解法では，大規模な問題をより小さな問題に分解し，それを反復して解くことにより最適解を求める．特に，解こうとする問題が多数の整数の変数を含み，大規模な**混合整数線形計画** (mixed integer linear programming: MILP) の問題となる場合には，分解法により効率的に解くことができる可能性がある．2.2 節では，**Benders の分解** (Benders decomposition) を応用した **L 型法** (L-shaped method) について解説する [*1)]．

2.1.2　基本的な性質

まず，確率変数が離散確率分布にしたがう場合に，2 段階の確率線形計画問題に関して成立する基本的な性質を確認しよう．特に，2.2 節の分解法とも関連するので，リコース関数とその期待値の基本的性質に着目する．第 1 章で考えた 2 段階の問題を，リコース関数とその期待値の観点から，再度以下に整理する．

$$
\begin{aligned}
\min_{\boldsymbol{x}}\ & \boldsymbol{c}^\top \boldsymbol{x} + \mathscr{Q}(\boldsymbol{x}) \\
\text{s.t.}\quad & \boldsymbol{A}\boldsymbol{x} = \boldsymbol{b} \\
& \boldsymbol{x} \geq \boldsymbol{0}
\end{aligned}
\tag{2.3}
$$

ここで，2 段階目は下記で表現される．

[*1)] L 型法の名称は，制約行列が L 字型であることに由来する．典型的な分解法には，Benders の分解の他に，Dantzig-Wolfe の分解などがある．

$$\mathscr{Q}(\boldsymbol{x}) = \mathbb{E}\big[Q(\boldsymbol{x}, \tilde{\boldsymbol{\xi}})\big] = \sum_{k=1}^{K} p^k Q(\boldsymbol{x}, \boldsymbol{\xi}^k) \tag{2.4}$$

$$Q(\boldsymbol{x}, \boldsymbol{\xi}^k) = \min_{\boldsymbol{y}(\boldsymbol{\xi}^k)} \big\{\boldsymbol{q}(\boldsymbol{\xi}^k)^\top \boldsymbol{y}(\boldsymbol{\xi}^k) \mid \boldsymbol{T}(\boldsymbol{\xi}^k)\boldsymbol{x} + \boldsymbol{W}\boldsymbol{y}(\boldsymbol{\xi}^k) = \boldsymbol{h}(\boldsymbol{\xi}^k),\ \boldsymbol{y}(\boldsymbol{\xi}^k) \geq \boldsymbol{0}\big\} \tag{2.5}$$

1段階目の問題 (2.3) は，$\boldsymbol{x}$ に関する最小化問題である．その実行可能解の集合は，$X_1 = \big\{\boldsymbol{x} \mid \boldsymbol{A}\boldsymbol{x} = \boldsymbol{b},\ \boldsymbol{x} \geq \boldsymbol{0}\big\}$ と表され，確率変数に依存しない．他方，2段階目の問題 (2.5) では，$\boldsymbol{x}$ と $\boldsymbol{\xi}^k$ を所与として，$\boldsymbol{y}(\boldsymbol{\xi}^k)$ に関する最小化問題を解いている．そこで，確率変数 $\tilde{\boldsymbol{\xi}}$ のあらゆる実現値 $\boldsymbol{\xi}^k$, $k = 1, \ldots, K$ に対して，問題 (2.5) に実行可能解が存在するような $\boldsymbol{x}$ の集合を X_2 とおく．

$$X_2 = \big\{\boldsymbol{x} \mid \exists \boldsymbol{y}(\boldsymbol{\xi}^k) \geq \boldsymbol{0},\ \boldsymbol{T}(\boldsymbol{\xi}^k)\boldsymbol{x} + \boldsymbol{W}\boldsymbol{y}(\boldsymbol{\xi}^k) = \boldsymbol{h}(\boldsymbol{\xi}^k),\ k = 1, \ldots, K\big\} \tag{2.6}$$

もし X_2 が空集合でなければ，X_2 は**凸多面体** (convex polyhedron) となることが知られている [*2)]．ここで，凸多面体は，有限個の閉半空間の共通部分として表される集合のことで，凸集合である．このように定義される集合は単に**多面体** (polyhedron) とよばれることもある．

2段階目の問題 (2.5) が最適解をもつための条件は，定理 2.1 で与えられる．ここでは，問題 (2.5) を**主問題** (primal problem) として，線形計画法の**双対問題** (dual problem) より条件を求めている [*3)]．なお下記で，$\boldsymbol{\pi}$ は m_2 次元ベクトルである．また，変数やパラメータは確率変数の実現値 $\boldsymbol{\xi}^k$ に依存しうるが，以後，表記の簡略化のために定理や証明の中で明示しない．

定理 2.1　$\boldsymbol{x} \in X_2$ とする．問題 (2.5) が最適解をもつための必要十分条件は，$\boldsymbol{\pi}^\top \boldsymbol{W} \leq \boldsymbol{q}^\top$ を満たす $\boldsymbol{\pi}$ が存在することである．

証明　問題 (2.5) の双対問題は

$$\begin{aligned} &\max_{\boldsymbol{\pi}} \boldsymbol{\pi}^\top(\boldsymbol{h} - \boldsymbol{T}\boldsymbol{x}) \\ &\text{s.t.} \quad \boldsymbol{\pi}^\top \boldsymbol{W} \leq \boldsymbol{q}^\top \end{aligned} \tag{2.7}$$

---

*2) Birge and Louveaux (2011) や Prékopa (1995) に詳しい証明がある．

*3) 線形計画法の双対問題や双対定理については付録を参照されたい．

と表せる．まず，$\boldsymbol{\pi}^\top \boldsymbol{W} \le \boldsymbol{q}^\top$ を満たす $\boldsymbol{\pi}$ が存在すると，双対問題 (2.7) は実行可能解をもつ．一方，$\boldsymbol{x} \in X_2$ より主問題 (2.5) も実行可能解をもつ．主問題と双対問題の両方が実行可能解をもつので，両方の問題は最適解をもつ．次に，主問題 (2.5) が最適解をもつとする．主問題が最適解をもつならば，双対問題も最適解をもつので，明らかに $\boldsymbol{\pi}^\top \boldsymbol{W} \le \boldsymbol{q}^\top$ を満たす $\boldsymbol{\pi}$ が存在する． □

次に，確率変数のある実現値 $\boldsymbol{\xi}^k$ のもとで，リコース関数 $Q(\boldsymbol{x}, \boldsymbol{\xi}^k)$ に関して以下の便利な性質が成り立つ [*4]．

定理 2.2 $\boldsymbol{\pi}^\top \boldsymbol{W} \le \boldsymbol{q}^\top$ を満たす $\boldsymbol{\pi}$ が存在するとする．このとき，$Q(\boldsymbol{x}, \boldsymbol{\xi}^k)$ は，$\boldsymbol{x} \in X_2$ に関して，区分線形 (piecewise linear) な凸関数である．

証明 X_2 上の任意の $\boldsymbol{x}_a, \boldsymbol{x}_b$ をとり，その凸結合を $\boldsymbol{x}_\lambda = \lambda \boldsymbol{x}_a + (1-\lambda)\boldsymbol{x}_b$, $\lambda \in (0,1)$ とする．X_2 は凸多面体なので，$\boldsymbol{x}_\lambda \in X_2$ である．問題 (2.5) を次のように表す．

$$f(\boldsymbol{x}) = Q(\boldsymbol{x}, \boldsymbol{\xi}^k) = \min_{\boldsymbol{y}} \{ \boldsymbol{q}^\top \boldsymbol{y} \mid \boldsymbol{W}\boldsymbol{y} = \boldsymbol{h} - \boldsymbol{T}\boldsymbol{x},\ \boldsymbol{y} \ge \boldsymbol{0} \} \tag{2.8}$$

仮定より $\boldsymbol{x}_a, \boldsymbol{x}_b, \boldsymbol{x}_\lambda$ に対して問題 (2.8) の最適解が存在し，それらをそれぞれ $\boldsymbol{y}_a, \boldsymbol{y}_b, \boldsymbol{y}_\lambda$ とすると，$f(\boldsymbol{x}_a) = \boldsymbol{q}^\top \boldsymbol{y}_a$，$f(\boldsymbol{x}_b) = \boldsymbol{q}^\top \boldsymbol{y}_b$，$f(\boldsymbol{x}_\lambda) = \boldsymbol{q}^\top \boldsymbol{y}_\lambda$ である．ここで，$\boldsymbol{y}_a, \boldsymbol{y}_b$ の凸結合 $\lambda \boldsymbol{y}_a + (1-\lambda)\boldsymbol{y}_b$ をとると

$$\begin{aligned}
\boldsymbol{W}\big(\lambda \boldsymbol{y}_a + (1-\lambda)\boldsymbol{y}_b\big) &= \lambda \boldsymbol{W}\boldsymbol{y}_a + (1-\lambda)\boldsymbol{W}\boldsymbol{y}_b \\
&= \lambda(\boldsymbol{h} - \boldsymbol{T}\boldsymbol{x}_a) + (1-\lambda)(\boldsymbol{h} - \boldsymbol{T}\boldsymbol{x}_b) \\
&= \boldsymbol{h} - \boldsymbol{T}\boldsymbol{x}_\lambda
\end{aligned}$$

となる．$\lambda \boldsymbol{y}_a + (1-\lambda)\boldsymbol{y}_b$ は，$\boldsymbol{x} = \boldsymbol{x}_\lambda$ のときの問題 (2.8) の実行可能解である．よって

$$\begin{aligned}
f(\boldsymbol{x}_\lambda) &= \boldsymbol{q}^\top \boldsymbol{y}_\lambda \\
&\le \boldsymbol{q}^\top \big(\lambda \boldsymbol{y}_a + (1-\lambda)\boldsymbol{y}_b\big) \\
&= \lambda \boldsymbol{q}^\top \boldsymbol{y}_a + (1-\lambda)\boldsymbol{q}^\top \boldsymbol{y}_b \\
&= \lambda f(\boldsymbol{x}_a) + (1-\lambda) f(\boldsymbol{x}_b)
\end{aligned}$$

[*4] 線形計画法の基礎については付録を参照されたい．

が成り立つので，$Q(\boldsymbol{x}, \boldsymbol{\xi}^k)$ は $\boldsymbol{x}$ に関して凸関数である．次に，$\boldsymbol{W}$ の基底行列を $\boldsymbol{B}$ とし，基底変数よりなるベクトルを $\boldsymbol{y}_B = \boldsymbol{B}^{-1}(\boldsymbol{h} - \boldsymbol{T}\boldsymbol{x})$ とする．$\boldsymbol{q}$ のうち $\boldsymbol{B}$ に対応するベクトルを $\boldsymbol{q}_B$ とする．仮定より最適解が存在し，このとき実行可能基底解の中に最適解が存在するので，$\boldsymbol{y}_B = \boldsymbol{B}^{-1}(\boldsymbol{h} - \boldsymbol{T}\boldsymbol{x}) \geq \boldsymbol{0}$ となる最適な基底を選び

$$f(\boldsymbol{x}) = Q(\boldsymbol{x}, \boldsymbol{\xi}^k) = \boldsymbol{q}_B^\top \boldsymbol{B}^{-1}(\boldsymbol{h} - \boldsymbol{T}\boldsymbol{x})$$

と表せる．これは線形関数であり，有限個の最適な基底が存在するので，$Q(\boldsymbol{x}, \boldsymbol{\xi}^k)$ は $\boldsymbol{x}$ に関して区分線形関数である． □

さらに，確率変数が離散確率分布にしたがうことより，リコース関数の期待値が $\mathscr{Q}(\boldsymbol{x}) = \sum_{k=1}^{K} p^k Q(\boldsymbol{x}, \boldsymbol{\xi}^k)$ と表されるので，次が成立するのは明らかである．

定理 2.3　$\boldsymbol{\pi}^\top \boldsymbol{W} \leq \boldsymbol{q}^\top$ を満たす $\boldsymbol{\pi}$ が存在するとする．このとき，$\mathscr{Q}(\boldsymbol{x})$ は，X_2 上で，区分線形な凸関数である．

2.1.3　解　析　解

本項ではまず，簡単な例を用いて，定理 2.3 で示したリコース関数の期待値 $\mathscr{Q}(\boldsymbol{x})$ に関する性質を確認する．さらに，この簡単な例では 2 段階の確率線形計画問題に関する解析解を求めることができることを示す．

1.1.3 項で取り上げた学園祭の模擬店の例を思い出そう．事前に決めた仕入れ量 x を所与として，学園祭当日にある需要量 ξ^k (シナリオ k) が実現する．このシナリオに対して，学園祭当日に A 君は次の 2 段階目の問題を解く．

$$\begin{aligned} Q(x, \xi^k) = \min_{y_1(\xi^k), y_2(\xi^k)} \quad & -100y_1(\xi^k) - 10y_2(\xi^k) \\ \text{s.t.} \quad & y_1(\xi^k) + y_2(\xi^k) \leq x \\ & y_1(\xi^k) \leq \xi^k \\ & y_1(\xi^k), y_2(\xi^k) \geq 0 \end{aligned} \tag{2.9}$$

A 君は，お客さんに 1 本 100 円の値段で焼き鳥を $y_1(\xi^k)$ 本売り，もし売れ残りが出る場合は 1 本 10 円で業者に $y_2(\xi^k)$ 本引き取ってもらう．この簡単な

例では明らかに，なるべく多くの焼き鳥をお客さんに販売し，売れ残りを極力少なくするのが最適である．もし仕入れ量が需要量を上回るなら．需要を満たす ξ^k まで売り切り，売れ残り $x-\xi^k$ はなるべく抑えたい．逆に，もし仕入れ量が需要量を下回るなら，仕入れた x をすべて売りつくし，売れ残りは 0 にするのがよい．よって，最適な販売本数と売れ残り本数は，形式的にそれぞれ $\min(\xi^k, x)$ と $\max(x-\xi^k, 0)$ と表現できる．なおここで，$\min(a,b)$ は a と b のうち小さい値，$\max(a,b)$ は a と b のうち大きい値を返す．

こうして得られた最適本数を用いると，2 段階目の問題の最適値関数は

$$Q(x,\xi^k) = -100\min(\xi^k, x) - 10\max(x-\xi^k, 0) \tag{2.10}$$

と表される．シナリオ k に関して，$\frac{1}{2}$ の確率で少なめの需要量 $\xi^1 = 800$ が実現し，$\frac{1}{2}$ の確率で多めの需要量 $\xi^2 = 1200$ が実現する．よって，リコース関数の期待値は以下のように表現できる．

$$\begin{aligned}\mathscr{Q}(x) &= \mathbb{E}\bigl[-100\min(\tilde{\xi}, x) - 10\max(x-\tilde{\xi}, 0)\bigr] \\ &= \frac{1}{2}\bigl[-100\min(800, x) - 10\max(x-800, 0)\bigr] \\ &\quad + \frac{1}{2}\bigl[-100\min(1200, x) - 10\max(x-1200, 0)\bigr]\end{aligned} \tag{2.11}$$

$\mathscr{Q}(x)$ は，仕入れ量 x の範囲に応じて異なる線形関数となることがわかる．$0 \leq x \leq 1500$ の制約内で具体的に計算すると

$$\mathscr{Q}(x) = \begin{cases} -100x & \text{if } 0 \leq x \leq 800 \\ -55x - 36000 & \text{if } 800 \leq x \leq 1200 \\ -10x - 90000 & \text{if } 1200 \leq x \leq 1500 \end{cases} \tag{2.12}$$

となる．図 2.1 も示すように，リコース関数の期待値 $\mathscr{Q}(x)$ は区分線形な凸関数であり，定理 2.3 で示した基本的な性質が成り立つことが確認できる．

$\mathscr{Q}(x)$ が解析的に求まるので，次に，A 君の 1 段階目の問題の解析解を導出してみよう．焼き鳥の仕入れ価格は 1 本 60 円であり，需要量 ξ^k が実現する前に仕入れる本数 x を決める必要がある．A 君は，あらゆるシナリオのもとで，仕入れの費用も含めて期待費用が最小となるように次の問題を解く．

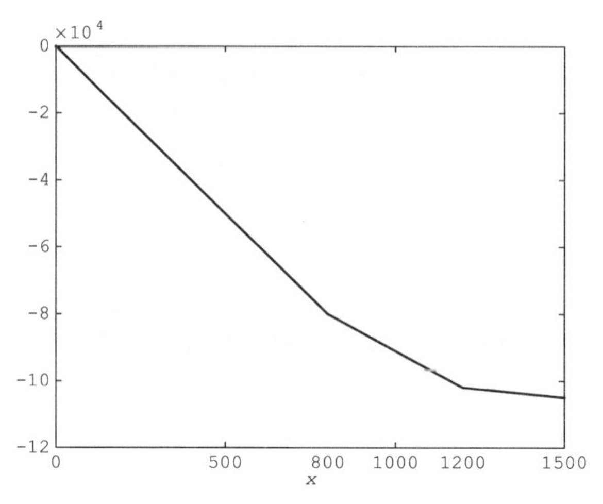

図 **2.1** 2段階目の問題：リコース関数の期待値 $\mathscr{Q}(x)$

$$\begin{aligned} &\min_x 60x + \mathscr{Q}(x) \\ &\text{s.t.} \quad 0 \leq x \leq 1500 \end{aligned} \tag{2.13}$$

$\mathscr{Q}(x)$ が区間線形なので，この問題の目的関数も次のような区間線形関数となる．

$$60x + \mathscr{Q}(x) = \begin{cases} -40x & \text{if } 0 \leq x \leq 800 \\ 5x - 36000 & \text{if } 800 \leq x \leq 1200 \\ 50x - 90000 & \text{if } 1200 \leq x \leq 1500 \end{cases} \tag{2.14}$$

図2.2が示すように，仕入れ量 $x^* = 800$ を選択するのが最適であり，期待費用の最小値 -32000 (期待利益の最大値32000) を得る．このように，1.1.3項の簡単な例では，2段階の確率線形計画問題に関する解析解を求めることができる．

2.2 L 型 法

2.2.1 アルゴリズム

前節の簡単な例では，リコース関数の期待値 $\mathscr{Q}(x)$ を解析的に導出することができた．しかし一般には，確率変数が離散確率分布にしたがうときでも，$\mathscr{Q}(x)$

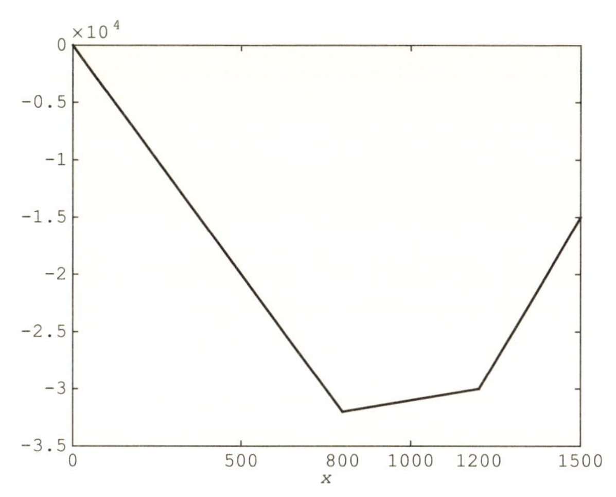

図 **2.2**　1 段階目の問題：目的関数 $60x + \mathscr{Q}(x)$

を解析的に求めるのは容易でないことが多い．このような場合でも，$\mathscr{Q}(x)$ が区分線形な凸関数であることを利用して，分解法により効率的に解くことができる可能性がある．

$\mathscr{Q}(x) \leq \theta$ となる新たな変数 θ を導入して，問題 (2.3) を次のように書きかえる．

$$\min_{\boldsymbol{x},\theta} \boldsymbol{c}^\top \boldsymbol{x} + \theta \tag{2.15}$$

$$\text{s.t.} \quad \boldsymbol{A}\boldsymbol{x} = \boldsymbol{b}$$

$$\mathscr{Q}(\boldsymbol{x}) \leq \theta \tag{2.16}$$

$$\boldsymbol{x} \geq \boldsymbol{0}$$

さらに，新たに線形関数 $d_i(\boldsymbol{x}), e_i(\boldsymbol{x})$ を導入して，問題 (2.15) をもとに次のような問題を考える．

$$\min_{\boldsymbol{x},\theta} \boldsymbol{c}^\top \boldsymbol{x} + \theta \tag{2.17}$$

$$\text{s.t.} \quad \boldsymbol{A}\boldsymbol{x} = \boldsymbol{b}$$

$$d_i(\boldsymbol{x}) \leq 0 \quad i = 1, \ldots, r \tag{2.18}$$

$$e_i(\boldsymbol{x}) \leq \theta \quad i = 1, \ldots, s \tag{2.19}$$

$$\boldsymbol{x} \geq \boldsymbol{0}$$

制約式 (2.18) は，リコース問題が実行可能解をもつために加えられもので，**実行可能性カット** (feasibility cut) とよばれる．換言すると，実行可能性カットは $\mathscr{Q}(x) < +\infty$ となるように $\boldsymbol{x}$ の領域を限定する．他方，制約式 (2.19) は，$\mathscr{Q}(x)$ を線形近似するために加えられたもので，**最適性カット** (optimality cut) とよばれる．$\mathscr{Q}(x)$ は区分線形関数なので，最適性カットが適切に加えられれば，$\mathscr{Q}(x)$ を正確に表すことが可能となる．

適切に実行可能性カット (2.18) と最適性カット (2.19) が加えられれば，問題 (2.17) は先の問題 (2.3) および問題 (2.15) と一致する．しかし一般には，追加すべき実行可能性カットと最適性カットが事前にわからない．そこで，L 型法では，逐次的に実行可能性カットと最適性カットを追加して，反復して問題 (2.17) を解く．問題 (2.17) は**主問題** (master problem, master program) とよばれることがある．

対象とする問題によっては，あらゆる $\boldsymbol{x}$ に関してリコース問題 (2.5) が実行可能解をもつことがある [*5)]．また，少なくとも $X_1 = \{\boldsymbol{x} \mid \boldsymbol{A}\boldsymbol{x} = \boldsymbol{b},\ \boldsymbol{x} \geq \boldsymbol{0}\}$ に関してリコース問題 (2.5) が実行可能解をもつことがある [*6)]．これらのケースでは，実行可能性カット (2.18) は不要となり，最適性カット (2.19) のみを考慮すればよい．

以下では，最適性カット (2.19) のみを考慮すればよいケースについて，L 型法のアルゴリズムをもう少し詳しく見てみよう．アルゴリズムの反復の回数を ν とおき，初期を $\nu = 0$ とする．反復により，カウンターは $\nu = \nu + 1$ と増えていく．初期には，問題 (2.17) において $r = s = 0$ とし，実行可能性カットと最適性カットはないものとする．計算ステップの反復により，最適性カット $e_i(\boldsymbol{x}) \leq \theta \quad i = 1, \ldots, s$ が逐次追加されていく．実行可能性カットが不要なケースを考えるので，計算ステップが進んでも $r = 0$ のままである．

- ステップ 1：反復のカウンターを $\nu = \nu + 1$ とする．問題 (2.17) を $\boldsymbol{x}$ と θ について解き，最適解を $(\boldsymbol{x}^\nu, \theta^\nu)$ とする．$s = 0$ のときは，最適性カット

---

*5) これは，**完全リコース** (complete recourse) をもつケースに対応する．

*6) これは，**相対完全リコース** (relatively complete recourse) をもつケースに対応し，$X_1 \subset X_2$ である．

がなく，$\theta^\nu = -\infty$ とし，θ^ν を考慮せずに $\boldsymbol{x}^\nu$ を求める．

- ステップ 2：$\boldsymbol{x} = \boldsymbol{x}^\nu$ として，すべてのシナリオ $\boldsymbol{\xi}^k$, $k = 1, \ldots, K$ に関して，リコース問題 (2.5) を解く．すなわち，各シナリオ k について下記を解く．

$$Q(\boldsymbol{x}^\nu, \boldsymbol{\xi}^k) = \min_{\boldsymbol{y}(\boldsymbol{\xi}^k)} \boldsymbol{q}(\boldsymbol{\xi}^k)^\top \boldsymbol{y}(\boldsymbol{\xi}^k) \tag{2.20}$$
$$\text{s.t.} \quad \boldsymbol{W}\boldsymbol{y}(\boldsymbol{\xi}^k) = \boldsymbol{h}(\boldsymbol{\xi}^k) - \boldsymbol{T}(\boldsymbol{\xi}^k)\boldsymbol{x}^\nu$$
$$\boldsymbol{y}(\boldsymbol{\xi}^k) \geq \boldsymbol{0}$$

実際には，次の双対問題を解く．

$$Q(\boldsymbol{x}^\nu, \boldsymbol{\xi}^k) = \max_{\boldsymbol{\pi}(\boldsymbol{\xi}^k)} \boldsymbol{\pi}(\boldsymbol{\xi}^k)^\top \big(\boldsymbol{h}(\boldsymbol{\xi}^k) - \boldsymbol{T}(\boldsymbol{\xi}^k)\boldsymbol{x}^\nu\big) \tag{2.21}$$
$$\text{s.t.} \quad \boldsymbol{\pi}(\boldsymbol{\xi}^k)^\top \boldsymbol{W} \leq \boldsymbol{q}(\boldsymbol{\xi}^k)^\top$$

この問題から得られる双対最適解を $\boldsymbol{\pi}^\nu(\boldsymbol{\xi}^k)$, $k = 1, \ldots, K$ とする．ここで，$\boldsymbol{\pi}^\nu(\boldsymbol{\xi}^k)$ と任意の $\boldsymbol{x}, \theta$ に関して次の不等式を考える．

$$\sum_{k=1}^{K} p^k \boldsymbol{\pi}^\nu(\boldsymbol{\xi}^k)^\top \big(\boldsymbol{h}(\boldsymbol{\xi}^k) - \boldsymbol{T}(\boldsymbol{\xi}^k)\boldsymbol{x}\big) \leq \theta \tag{2.22}$$

もし $(\boldsymbol{x}^\nu, \theta^\nu)$ が不等式 (2.22) を満たすなら，計算を終了して，問題 (2.3) ないし問題 (2.15) の最適解 $(\boldsymbol{x}^\nu, \theta^\nu)$ を得る．そうでない場合には，最適性カットとして不等式 (2.22) を問題 (2.17) に追加して，ステップ 1 に戻って計算を繰り返す．

ステップ 2 で導出した最適性カット (2.22) の意味をもう少し考えておこう．任意の $\boldsymbol{x}$ に関して双対問題 (2.21) を解いたときの最適値関数 $Q(\boldsymbol{x}, \boldsymbol{\xi}^k)$ は，$\boldsymbol{\pi}^\nu(\boldsymbol{\xi}^k)^\top \big(\boldsymbol{h}(\boldsymbol{\xi}^k) - \boldsymbol{T}(\boldsymbol{\xi}^k)\boldsymbol{x}\big)$ より大きいか等しい．なぜならば，後者は特定の $\boldsymbol{x}^\nu$ に対応する $\boldsymbol{\pi}^\nu(\boldsymbol{\xi}^k)$ を用いて計算された値だからである．また，不等式 (2.16) が示すように，$\mathscr{Q}(x)$ は θ の値以下であることも考慮すると，次の最適性カットの不等式が導出される．

$$\sum_{k=1}^{K} p^k \boldsymbol{\pi}^\nu(\boldsymbol{\xi}^k)^\top \big(\boldsymbol{h}(\boldsymbol{\xi}^k) - \boldsymbol{T}(\boldsymbol{\xi}^k)\boldsymbol{x}\big) \leq \sum_{k=1}^{K} p^k Q(\boldsymbol{x}, \boldsymbol{\xi}^k) = \mathscr{Q}(\boldsymbol{x}) \leq \theta$$

したがって，L 型法のステップ 2 において，$(\boldsymbol{x}^\nu, \theta^\nu)$ が不等式 (2.22) を満たさ

ない場合には，最適性カット (2.22) を問題 (2.17) に追加して，最適解でないものを除外していく．

2.2.2 数 値 例

再び1.1.3項の簡単な例を用いて，L型法のアルゴリズムを確認しよう．もちろんこの例は，解析解を求めたり，線形計画問題用の汎用ソルバーを利用して解くことができるが，ここでの主眼はL型法による計算のステップを実際に確認することにある．

まず，1.1.3項で出てきたリコース問題を以下のように行列形式で表現し直す．

$$Q(x,\xi^k) = \min_{\boldsymbol{y}(\xi^k)} \boldsymbol{q}^\top \boldsymbol{y}(\xi^k) \tag{2.23}$$

$$\text{s.t.} \quad \boldsymbol{W}\boldsymbol{y}(\xi^k) \leq \boldsymbol{h}(\xi^k) - \boldsymbol{T}x \tag{2.24}$$

$$\boldsymbol{y}(\xi^k) \geq \boldsymbol{0}$$

ただし，各ベクトルや行列は

$$\boldsymbol{q} = \begin{pmatrix} -100 \\ -10 \end{pmatrix}, \ \boldsymbol{y}(\xi^k) = \begin{pmatrix} y_1(\xi^k) \\ y_2(\xi^k) \end{pmatrix}$$

$$\boldsymbol{W} = \begin{pmatrix} 1 & 1 \\ 1 & 0 \end{pmatrix}, \ \boldsymbol{h}(\xi^k) = \begin{pmatrix} 0 \\ \xi^k \end{pmatrix}, \ \boldsymbol{T} = \begin{pmatrix} -1 \\ 0 \end{pmatrix}$$

である．なおこの例では，リコース行列 $\boldsymbol{W}$ だけでなく，$\boldsymbol{q}$ と $\boldsymbol{T}$ も ξ^k に依存しない．

上記の例ではリコース問題 (2.23) の制約式 (2.24) が不等式であることに注意すると，双対問題は以下のように表せる．

$$Q(x,\xi^k) = \max_{\boldsymbol{\pi}(\xi^k)} \boldsymbol{\pi}(\xi^k)^\top \bigl(\boldsymbol{h}(\xi^k) - \boldsymbol{T}x\bigr) \tag{2.25}$$

$$\text{s.t.} \quad \boldsymbol{\pi}(\xi^k)^\top \boldsymbol{W} \leq \boldsymbol{q}^\top \tag{2.26}$$

$$\boldsymbol{\pi}(\xi^k) \leq \boldsymbol{0}$$

ただし，双対変数は $\boldsymbol{\pi}(\xi^k) = \bigl(\pi_1(\xi^k), \pi_2(\xi^k)\bigr)^\top$ である．L型法のステップ2では上記の双対問題を解く．

リコース問題 (2.23) は，$0 \leq x \leq 1500$ に関して実行可能解をもつので，実行可能性カットを考える必要はない．L 型法の初期には，$\nu = s = 0$ として，最適性カットもない状態からスタートする．

◇ 反復 $\nu = 1$

- ステップ 1：最適性カットがなく，$\theta^\nu = \theta^1 = -\infty$ とし，θ^1 を考慮せずに

$$\min\left\{60x \mid 0 \leq x \leq 1500\right\}$$

を解いて最適解 $x^\nu = x^1$ を求める．明らかに $x^1 = 0$ である．

- ステップ 2：$x = x^1 = 0$ として，シナリオ $k = 1, 2$ に関して，問題 (2.25) を解く．

$\xi^k = \xi^1 = 800$ のときには

$$\max\left\{\pi_1(\xi^1)x + \pi_2(\xi^1)\xi^1 = 800\pi_2(\xi^1) \mid \pi_1(\xi^1) + \pi_2(\xi^1) \leq -100, \right.$$
$$\left. \pi_1(\xi^1) \leq -10,\ \boldsymbol{\pi}(\xi^1) \leq \mathbf{0}\right\}$$

を解いて，双対最適解 $\boldsymbol{\pi}^\nu(\xi^1) = \boldsymbol{\pi}^1(\xi^1)$ を求める．明らかに $\pi_2^1(\xi^1) = 0$ である．他方，$\pi_1^1(\xi^1)$ については複数解が存在し，$\pi_1(\xi^1) \leq -100$ を満たす $\pi_1(\xi^1)$ が最適である．複数解が存在する場合には，そのうちの 1 つを選択する．ここでは，$\pi_1^1(\xi^1) = -100$ を選択することとする．こうして，双対最適解 $\left(\pi_1^1(\xi^1), \pi_2^1(\xi^1)\right)^\top = (-100, 0)^\top$ を得る．

$\xi^k = \xi^2 = 1200$ のときには

$$\max\left\{\pi_1(\xi^2)x + \pi_2(\xi^2)\xi^2 = 1200\pi_2(\xi^2) \mid \pi_1(\xi^2) + \pi_2(\xi^2) \leq -100, \right.$$
$$\left. \pi_1(\xi^2) \leq -10,\ \boldsymbol{\pi}(\xi^2) \leq \mathbf{0}\right\}$$

を解いて，双対最適解 $\boldsymbol{\pi}^\nu(\xi^2) = \boldsymbol{\pi}^1(\xi^2)$ を求める．明らかに $\pi_2^1(\xi^2) = 0$ である．他方，$\pi_1^1(\xi^2)$ については複数解が存在し，$\pi_1(\xi^2) \leq -100$ を満たす $\pi_1(\xi^2)$ が最適である．ここでは，先と同様に複数解の中から $\pi_1^1(\xi^2) = -100$ を選択することとする．こうして，双対最適解 $\left(\pi_1^1(\xi^2), \pi_2^1(\xi^2)\right)^\top = (-100, 0)^\top$ を得る．

$\boldsymbol{\pi}^1(\xi^1), \boldsymbol{\pi}^1(\xi^2)$ を用いて，不等式 (2.22) を計算すると

$$\sum_{k=1}^{2} p^k \boldsymbol{\pi}^1(\xi^k)^\top \bigl(\boldsymbol{h}(\xi^k) - \boldsymbol{T}x\bigr) = -100x \leq \theta \tag{2.27}$$

となる．(x^ν, θ^ν) の組 $(x^1, \theta^1) = (0, -\infty)$ は，式 (2.27) に代入すると $0 > -\infty$ となるので，式 (2.27) を満たさない．したがって，最適性カット (2.27) を元の主問題に追加する．

◇ 反復 $\nu = 2$

- ステップ 1：最適性カット (2.27) を主問題に追加して

$$\min\bigl\{60x + \theta \mid 0 \leq x \leq 1500,\ -100x \leq \theta\bigr\}$$

を解き，最適解の組 $(x^\nu, \theta^\nu) = (x^2, \theta^2) = (1500, -150000)$ を得る．
- ステップ 2：$x = x^2 = 1500$ として，シナリオ $k = 1, 2$ に関して，問題 (2.25) を解く．

$\xi^k = \xi^1 = 800$ のときには

$$\max\bigl\{1500\pi_1(\xi^1) + 800\pi_2(\xi^1) \mid \pi_1(\xi^1) + \pi_2(\xi^1) \leq -100,\\ \pi_1(\xi^1) \leq -10,\ \boldsymbol{\pi}(\xi^1) \leq \boldsymbol{0}\bigr\}$$

を解いて，双対最適解 $\boldsymbol{\pi}^\nu(\xi^1) = \boldsymbol{\pi}^2(\xi^1)$ を求める．双対最適解は $\bigl(\pi_1^2(\xi^1), \pi_2^2(\xi^1)\bigr)^\top = (-10, -90)^\top$ である．

$\xi^k = \xi^2 = 1200$ のときには

$$\max\bigl\{1500\pi_1(\xi^2) + 1200\pi_2(\xi^2) \mid \pi_1(\xi^2) + \pi_2(\xi^2) \leq -100,\\ \pi_1(\xi^2) \leq -10,\ \boldsymbol{\pi}(\xi^2) \leq \boldsymbol{0}\bigr\}$$

を解いて，双対最適解 $\boldsymbol{\pi}^\nu(\xi^2) = \boldsymbol{\pi}^2(\xi^2)$ を求める．双対最適解は $\bigl(\pi_1^2(\xi^2), \pi_2^2(\xi^2)\bigr)^\top = (-10, -90)^\top$ である．

$\boldsymbol{\pi}^2(\xi^1), \boldsymbol{\pi}^2(\xi^2)$ を用いて，不等式 (2.22) を計算すると

$$\sum_{k=1}^{2} p^k \boldsymbol{\pi}^2(\xi^k)^\top \bigl(\boldsymbol{h}(\xi^k) - \boldsymbol{T}x\bigr) = -10x - 90000 \leq \theta \tag{2.28}$$

となる．(x^ν, θ^ν) の組 $(x^2, \theta^2) = (1500, -150000)$ は，式 (2.28) に代入すると $-105000 > -150000$ となるので，式 (2.28) を満たさない．したがって，最適性カット (2.28) を元の主問題に追加する．

◇ 反復 $\nu = 3$

- ステップ 1：最適性カット (2.28) を主問題に追加して

$$\min\left\{60x + \theta \mid 0 \le x \le 1500,\ -100x \le \theta,\ -10x - 90000 \le \theta\right\}$$

を解き，最適解の組 $(x^\nu, \theta^\nu) = (x^3, \theta^3) = (1000, -100000)$ を得る．

- ステップ 2：$x = x^3 = 1000$ として，シナリオ $k = 1, 2$ に関して，問題 (2.25) を解く．

$\xi^k = \xi^1 = 800$ のときには

$$\max\left\{1000\pi_1(\xi^1) + 800\pi_2(\xi^1) \mid \pi_1(\xi^1) + \pi_2(\xi^1) \le -100,\right.$$
$$\left.\pi_1(\xi^1) \le -10,\ \boldsymbol{\pi}(\xi^1) \le \mathbf{0}\right\}$$

を解いて，双対最適解 $\boldsymbol{\pi}^\nu(\xi^1) = \boldsymbol{\pi}^3(\xi^1)$ を求める．双対最適解は $\left(\pi_1^3(\xi^1), \pi_2^3(\xi^1)\right)^\top = (-10, -90)^\top$ である．

$\xi^k = \xi^2 = 1200$ のときには

$$\max\left\{1000\pi_1(\xi^2) + 1200\pi_2(\xi^2) \mid \pi_1(\xi^2) + \pi_2(\xi^2) \le -100,\right.$$
$$\left.\pi_1(\xi^2) \le -10,\ \boldsymbol{\pi}(\xi^2) \le \mathbf{0}\right\}$$

を解いて，双対最適解 $\boldsymbol{\pi}^\nu(\xi^2) = \boldsymbol{\pi}^3(\xi^2)$ を求める．双対最適解は $\left(\pi_1^3(\xi^2), \pi_2^3(\xi^2)\right)^\top = (-100, 0)^\top$ である．

$\boldsymbol{\pi}^3(\xi^1), \boldsymbol{\pi}^3(\xi^2)$ を用いて，不等式 (2.22) を計算すると

$$\sum_{k=1}^{2} p^k \boldsymbol{\pi}^3(\xi^k)^\top \left(\boldsymbol{h}(\xi^k) - \boldsymbol{T}x\right) = -55x - 36000 \le \theta \tag{2.29}$$

となる．(x^ν, θ^ν) の組 $(x^3, \theta^3) = (1000, -100000)$ は，式 (2.29) に代入すると $-91000 > -100000$ となるので，式 (2.29) を満たさない．したがって，最適性カット (2.29) を元の主問題に追加する．

◇ 反復 $\nu = 4$

- ステップ 1：最適性カット (2.29) を主問題に追加して

$$\min\left\{60x + \theta \mid 0 \le x \le 1500,\ -100x \le \theta,\right.$$
$$\left.-10x - 90000 \le \theta,\ -55x - 36000 \le \theta\right\}$$

を解き，最適解の組 $(x^\nu, \theta^\nu) = (x^4, \theta^4) = (800, -80000)$ を得る．

- ステップ2：$x = x^4 = 800$ として，シナリオ $k = 1, 2$ に関して，問題 (2.25) を解く．

  $\xi^k = \xi^1 = 800$ のときには

$$\max\bigl\{800\pi_1(\xi^1) + 800\pi_2(\xi^1) \mid \pi_1(\xi^1) + \pi_2(\xi^1) \leq -100,\ \pi_1(\xi^1) \leq -10,\ \boldsymbol{\pi}(\xi^1) \leq \mathbf{0}\bigr\}$$

  を解いて，双対最適解 $\boldsymbol{\pi}^\nu(\xi^1) = \boldsymbol{\pi}^4(\xi^1)$ を求める．$\boldsymbol{\pi}^4(\xi^1)$ については複数解が存在し，$\bigl\{\boldsymbol{\pi}(\xi^1) \mid \pi_1(\xi^1) + \pi_2(\xi^1) = -100,\ -100 \leq \pi_1(\xi^1) \leq -10\bigr\}$ が最適である．ここでは，$\bigl(\pi_1^4(\xi^1), \pi_2^4(\xi^1)\bigr)^\top = (-100, 0)^\top$ を選択することとする．

  $\xi^k = \xi^2 = 1200$ のときには

$$\max\bigl\{800\pi_1(\xi^2) + 1200\pi_2(\xi^2) \mid \pi_1(\xi^2) + \pi_2(\xi^2) \leq -100,\ \pi_1(\xi^2) \leq -10,\ \boldsymbol{\pi}(\xi^2) \leq \mathbf{0}\bigr\}$$

  を解いて，双対最適解 $\boldsymbol{\pi}^\nu(\xi^2) = \boldsymbol{\pi}^4(\xi^2)$ を求める．双対最適解は $\bigl(\pi_1^4(\xi^2), \pi_2^4(\xi^2)\bigr)^\top = (-100, 0)^\top$ である．

  $\boldsymbol{\pi}^4(\xi^1), \boldsymbol{\pi}^4(\xi^2)$ を用いて，不等式 (2.22) を計算すると

$$\sum_{k=1}^{2} p^k \boldsymbol{\pi}^4(\xi^k)^\top \bigl(\boldsymbol{h}(\xi^k) - \boldsymbol{T}x\bigr) = -100x \leq \theta \tag{2.30}$$

  となる．(x^ν, θ^ν) の組 $(x^4, \theta^4) = (800, -80000)$ は，式 (2.30) に代入すると

$$-100x^4 = \theta^4 = -80000$$

  となり，式 (2.30) を満たす．したがって，計算を終了して，最適解 $x^* = x^4 = 800$ を得る [*7]．

以上の計算により，焼き鳥の仕入れ量は $x^* = 800$ が最適であり，そのときの期待費用の最小値は，$60x^4 + \theta^4 = -32000$ (期待利益の最大値 32000) である．2.1.3 項で求めた解析解と一致することを確認されたい．図 2.3 は，線形の最適性カット (2.27) から (2.29) が逐次追加された状態を示している (点線)．

---

*7) ステップ 2 で，$\boldsymbol{\pi}^4(\xi^1)$ については複数解が存在するが，$\bigl\{\boldsymbol{\pi}(\xi^1) \mid \pi_1(\xi^1) + \pi_2(\xi^1) = -100,\ -100 \leq \pi_1(\xi^1) \leq -10\bigr\}$ のうちのいずれを選択しても，$\sum_{k=1}^{2} p^k \boldsymbol{\pi}^4(\xi^k)^\top \bigl(\boldsymbol{h}(\xi^k) - \boldsymbol{T}x^4\bigr) = \theta^4 = -80000$ が成立し，最適解 $x^* = x^4 = 800$ を得る．

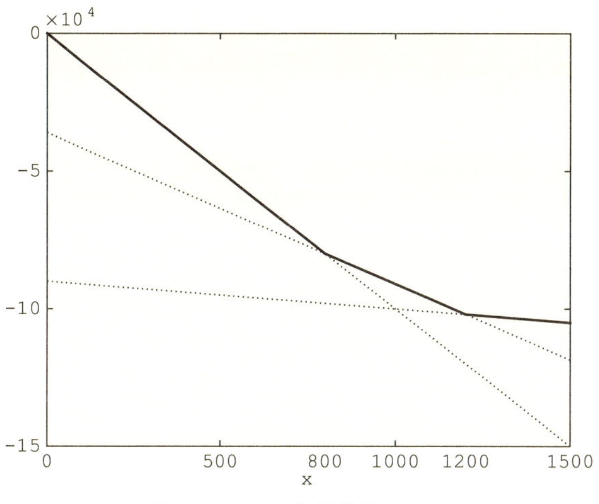

図 2.3 $\mathscr{Q}(x)$ と最適性カット

2.3 連続確率分布の場合の解法

2.3.1 解法の方針

確率変数が連続確率分布にしたがう場合には，リコース関数の期待値 $\mathscr{Q}(\boldsymbol{x}) = \mathbb{E}\left[Q(\boldsymbol{x}, \tilde{\boldsymbol{\xi}})\right] = \int_{\Xi} Q(\boldsymbol{x}, \boldsymbol{\xi})\mathrm{d}\mathbb{P}$ の扱いが一般に難しい．次項で示すように，$\mathscr{Q}(\boldsymbol{x})$ を解析的に導出できるケースもあるが，実践的な問題では困難なことが多い．このようなときでも，数値積分により $\mathscr{Q}(\boldsymbol{x})$ を求めることができるケースがある．ただし，次元が大きくなると数値積分も困難となりうる．

他には，離散確率分布の場合に述べた分解法を用いて，リコース関数の期待値を近似しながら反復して解く方法がある．典型的な方法は，$\mathscr{Q}(\boldsymbol{x})$ に関して，Jensen の不等式に基づく下界 (lower bound) と Edmundson-Madansky の不等式に基づく上界 (upper bound) を求め，これらを逐次更新することで近似の精度を高めていく．このとき，連続確率分布の台を逐次分割しながら，下界と上界を更新する．下界と上界の差は反復計算により小さくなっていき，あらかじめ定めた許容誤差に到達したら計算を終了する．反復計算には，先の L 型法を応用することができる．他にもモンテカルロ法を応用する手法がある．こうした方法は本書の想定するレベルを超えるので詳細を示さないが，関心のある読者には Birge and Louveaux (2011) や Kall and Mayer (2011) などが参考になる．

2.3.2 解　析　解

ここでは，1.1.3 項の模擬店の例を応用して，連続確率分布を仮定するケースについて解析的に解いてみよう．具体的には，量り売りなど品物が連続量で表されるケースを考え，ある財の当日の需要量を連続な確率変数 $\tilde{\xi}$ とし，その実現値を ξ とする．累積分布関数を $F_{\tilde{\xi}}(z) = \mathbb{P}\big(\tilde{\xi} \leq z\big)$ とする．また，累積分布関数は，確率密度関数 $f_{\tilde{\xi}}(z)$ により，$F_{\tilde{\xi}}(z) = \int_{-\infty}^{z} f_{\tilde{\xi}}(t)\mathrm{d}t$ と表せるものとする．

A 君は，品物 1 単位あたり，c 円で仕入れ，q_1 円でお客さんに販売し，もし売れ残りが出る場合は q_2 円で業者に引き取ってもらう．仕入れ量の上限を b とする．これまでの議論では，具体的に $c = 60$，$q_1 = 100$，$q_2 = 10$，$b = 1500$ とおいて計算したが，ここではパラメータに特定の数値をおかずに解析解を示す．ただし，$q_2 < c < q_1$ を仮定する．$\mathscr{Q}(x) = \mathbb{E}\big[Q(x, \tilde{\xi})\big]$ として，A 君の解く 1 段階目の問題は

$$
\begin{aligned}
&\min_{x} cx + \mathscr{Q}(x) \\
&\text{s.t.} \quad 0 \leq x \leq b
\end{aligned}
\tag{2.31}
$$

であり，2 段階目の問題は

$$
\begin{aligned}
Q(x, \xi) = \min_{y_1(\xi), y_2(\xi)} \quad & -q_1 y_1(\xi) - q_2 y_2(\xi) \\
\text{s.t.} \quad & y_1(\xi) + y_2(\xi) \leq x \\
& y_1(\xi) \leq \xi \\
& y_1(\xi), y_2(\xi) \geq 0
\end{aligned}
\tag{2.32}
$$

と表現できる．

2.1.3 項と同様の考え方により，2 段階目の問題の最適値関数は

$$
Q(x, \xi) = -q_1 \min(\xi, x) - q_2 \max(x - \xi, 0) \tag{2.33}
$$

と表される．確率変数 $\tilde{\xi}$ が連続確率分布にしたがうことから，リコース関数の期待値は

$$
\begin{aligned}
\mathscr{Q}(x) &= \mathbb{E}\bigl[-q_1 \min(\tilde{\xi}, x) - q_2 \max(x - \tilde{\xi}, 0)\bigr] \\
&= \int_{-\infty}^{x} \bigl(-q_1 z - q_2(x - z)\bigr) \mathrm{d}F_{\tilde{\xi}}(z) + \int_{x}^{\infty} -q_1 x \mathrm{d}F_{\tilde{\xi}}(z) \\
&= (-q_1 + q_2) \int_{-\infty}^{x} z \mathrm{d}F_{\tilde{\xi}}(z) - q_2 x \int_{-\infty}^{x} \mathrm{d}F_{\tilde{\xi}}(z) - q_1 x \int_{x}^{\infty} \mathrm{d}F_{\tilde{\xi}}(z) \\
&= (-q_1 + q_2) \int_{-\infty}^{x} z \mathrm{d}F_{\tilde{\xi}}(z) - q_2 x F_{\tilde{\xi}}(x) - q_1 x \bigl(1 - F_{\tilde{\xi}}(x)\bigr)
\end{aligned} \tag{2.34}
$$

と計算できる．部分積分の公式より

$$
\int_{-\infty}^{x} z \mathrm{d}F_{\tilde{\xi}}(z) = x F_{\tilde{\xi}}(x) - \int_{-\infty}^{x} F_{\tilde{\xi}}(z) \mathrm{d}z
$$

が成り立つので，$\mathscr{Q}(x)$ は次のようにさらに簡単な形で表現できる．

$$
\mathscr{Q}(x) = -q_1 x + (q_1 - q_2) \int_{-\infty}^{x} F_{\tilde{\xi}}(z) \mathrm{d}z \tag{2.35}
$$

また，$\mathscr{Q}(x)$ を微分すると

$$
\mathscr{Q}'(x) = -q_1 + (q_1 - q_2) F_{\tilde{\xi}}(x) \tag{2.36}
$$

となる．

$\mathscr{Q}(x)$ が解析的に求まるので，次に，1 段階目の問題 (2.31) の解析解を導出する．問題 (2.31) の目的関数 $c + \mathscr{Q}(x)$ が凸関数であることに注意して，$c + \mathscr{Q}'(0) \geq 0$ と $c + \mathscr{Q}'(b) \leq 0$ のときには，それぞれ端点解 $x^* = 0$，$x^* = b$ を得る [*8]．これら以外のときは，$c + \mathscr{Q}'(x) = 0$ を解いて内点解を得る．したがって，最適解は以下のとおりとなる [*9]．

$$
\begin{cases}
x^* = 0 & \text{if } \frac{q_1 - c}{q_1 - q_2} \leq F_{\tilde{\xi}}(0) \\
x^* = b & \text{if } \frac{q_1 - c}{q_1 - q_2} \geq F_{\tilde{\xi}}(b) \\
x^* = F_{\tilde{\xi}}^{-1}\left(\frac{q_1 - c}{q_1 - q_2}\right) & \text{if } F_{\tilde{\xi}}(0) < \frac{q_1 - c}{q_1 - q_2} < F_{\tilde{\xi}}(b)
\end{cases} \tag{2.37}
$$

[*8] $c + \mathscr{Q}(x)$ の 2 階微分に関して，$\mathscr{Q}''(x) = (q_1 - q_2) f_{\tilde{\xi}}(x) \geq 0$ が成り立つので，$c + \mathscr{Q}(x)$ は凸関数である．なお，確率密度関数 $f_{\tilde{\xi}}(x)$ は非負である．

[*9] 仮定より，$0 < \frac{q_1 - c}{q_1 - q_2} < 1$ である．$F_{\tilde{\xi}}^{-1}$ は分位点関数で，3.2 節で詳しく述べる．

演 習 問 題

問題 2.1　問題 1.1 に関して，リコース関数の期待値 $\mathscr{Q}(x)$ を用いた次の問題を解くことを考える．

$$\begin{aligned}&\min_x 50x + \mathscr{Q}(x)\\ &\text{s.t.} \quad 0 \le x \le 1500\end{aligned}$$

この問題の目的関数を区間線形関数として表現し，最適解と最適値を求めよ．

問題 2.2　問題 2.1 を L 型法のアルゴリズムにより解き，最適解と最適値を確認せよ．

CHAPTER

3 リスクマネジメント

3.1 リ　ス　ク

3.1.1 リスクの概念

第1章と第2章で考察した2段階確率計画問題では，費用など何らかの関数の期待値を最小化する問題を定式化した．第1章で導入した関数 $V\left(\boldsymbol{x}, \tilde{\boldsymbol{\xi}}\right)$ を用いると，2段階確率計画問題は以下のように簡潔に表現できた．

$$
\begin{aligned}
&\min_{\boldsymbol{x}} \mathbb{E}\left[V(\boldsymbol{x}, \tilde{\boldsymbol{\xi}})\right] \\
&\text{s.t.} \quad \boldsymbol{A}\boldsymbol{x} = \boldsymbol{b} \\
&\qquad\quad \boldsymbol{x} \geq \boldsymbol{0}
\end{aligned} \tag{3.1}
$$

ただし，ここで

$$
\begin{aligned}
V(\boldsymbol{x}, \boldsymbol{\xi}) &= \boldsymbol{c}^\top \boldsymbol{x} + Q(\boldsymbol{x}, \boldsymbol{\xi}) \\
&= \boldsymbol{c}^\top \boldsymbol{x} + \min_{\boldsymbol{y}(\boldsymbol{\xi})} \left\{ \boldsymbol{q}(\boldsymbol{\xi})^\top \boldsymbol{y}(\boldsymbol{\xi}) \mid \boldsymbol{T}(\boldsymbol{\xi})\boldsymbol{x} + \boldsymbol{W}\boldsymbol{y}(\boldsymbol{\xi}) = \boldsymbol{h}(\boldsymbol{\xi}),\ \boldsymbol{y}(\boldsymbol{\xi}) \geq \boldsymbol{0} \right\}
\end{aligned} \tag{3.2}
$$

である．第1章で取り上げた学園祭の模擬店の例では，当日の需要量が不確実な中で，焼き鳥販売にかかる費用の期待値を最小化した．

上記の確率計画の手法は，現実のさまざまな問題に応用可能である．模擬店の例を企業の意思決定の問題に置き換えてみよう．たとえば，あるメーカーAが，何年かかけて新しい技術を開発して，その技術を採用した新製品を販売したいとする．このメーカーは，技術開発の投資を行い，製造費用を投じた上で，新製品を市場に売り出す．メーカーが投資や製造に関する意思決定をする段階では，新製品の需要は不確実である．この事例でも，模擬店の例と同様に，想定しうるあらゆるシナリオのもとで，2 段階確率計画問題を解き期待費用の最小化 (期待利益の最大化) を図ることができるだろう．

しかし一方でこのメーカーは，運悪く非常に悪いシナリオが実現してしまう可能性を心配するかもしれない．最悪の事態の一つは，このメーカーが技術開発に成功し新製品を販売しようとしたときに，競合他社がもっと優れた新技術をすでに開発済で新製品の市場を奪ってしまうことである．このシナリオでは，メーカー A の新技術は陳腐化してしまい，自社の新製品の需要はなくなってしまう．もしこのシナリオが実現した場合には，メーカー A は非常に大きな打撃 (赤字) を被るであろう．このように非常に悪い事態が起こりうることは，リスクという概念で捉えられる．

不確実性下の意思決定においては，問題 (3.1) のように $V(\boldsymbol{x},\tilde{\boldsymbol{\xi}})$ の期待値に関して最適化を行うのは自然な考えである．しかし他方，この方法では，非常に悪い事態に直面しうるリスクに適切に対処できているとはいえない．そこで，$V(\boldsymbol{x},\tilde{\boldsymbol{\xi}})$ に関するリスクを何らかの形で測り，最適化問題の中に組み込むことが考えられる．ここでは，そのようなリスクの尺度を $\mathcal{R}\big[V(\boldsymbol{x},\tilde{\boldsymbol{\xi}})\big]$ とおき，ウェイト付けのパラメータ $\beta \in [0,1]$ を用いて，以下のような最適化問題を定式化する．

$$\begin{aligned} \min_{\boldsymbol{x}}\ & (1-\beta)\mathbb{E}\big[V(\boldsymbol{x},\tilde{\boldsymbol{\xi}})\big] + \beta\mathcal{R}\big[V(\boldsymbol{x},\tilde{\boldsymbol{\xi}})\big] \\ \text{s.t.}\quad & \boldsymbol{A}\boldsymbol{x} = \boldsymbol{b} \\ & \boldsymbol{x} \geq \boldsymbol{0} \end{aligned} \tag{3.3}$$

問題 (3.3) では，$V\big(\boldsymbol{x},\tilde{\boldsymbol{\xi}}\big)$ に関して，期待値だけでなくリスクも小さくしようとする．β は期待値とリスクのウェイト付けを表しており，β が大きくなると意思決定者がリスクをより重要視することを示す．$\beta = 1$ の場合は，意思決定者がリスクのみに関心がある極端なケースを表す．逆に，$\beta = 0$ の場合は，意思決定者がリスクを考慮せず，$V(\boldsymbol{x},\tilde{\boldsymbol{\xi}})$ の期待値を最小化することだけに関心があることを意味する．これは，元の問題 (3.1) に帰着し，**リスク中立的** (risk neutral) とよばれることもある．

また以下のように，リスクの尺度 $\mathcal{R}\big[V(\boldsymbol{x},\tilde{\boldsymbol{\xi}})\big]$ に関する制約式を問題 (3.1) に

組み込むことも考えられる.

$$\begin{aligned} &\min_{\boldsymbol{x}} \mathbb{E}\big[V(\boldsymbol{x}, \tilde{\boldsymbol{\xi}})\big] \\ &\text{s.t.} \quad \mathcal{R}\big[V(\boldsymbol{x}, \tilde{\boldsymbol{\xi}})\big] \leq \gamma \\ &\qquad\quad \boldsymbol{A}\boldsymbol{x} = \boldsymbol{b} \\ &\qquad\quad \boldsymbol{x} \geq \boldsymbol{0} \end{aligned} \tag{3.4}$$

γ は，意思決定者が許容できるリスクの限界値である．この定式化では，リスクを許容限度内に抑えつつ，$V(\boldsymbol{x}, \tilde{\boldsymbol{\xi}})$ の期待値を小さくしようとする．

3.1.2 リスクの尺度

ファイナンスの分野などを中心に，これまでさまざまなリスクの尺度が提案され，そうした尺度がもつ性質についても詳しく研究されている．特に，リスク尺度の満たすべき望ましい性質は，さまざまな公理の形で整理されている．今，1 次元の確率変数 $\tilde{\eta}$ があるとする．ファイナンス分野の議論に沿って $\tilde{\eta}$ は損失を表すとしよう．$\tilde{\eta}$ は，金融資産のポートフォリオがもたらしうる損失を表現する確率変数だと考えればよい．この損失 $\tilde{\eta}$ に関するリスク尺度を $\mathcal{R}(\tilde{\eta})$ とする．以下の 4 つの公理を満たすリスク尺度は**コヒレント・リスク尺度** (coherent risk measure) とよばれている [*1)].

- 公理 1：**劣加法性** (subadditivity)
  $\mathcal{R}(\tilde{\eta} + \tilde{\eta}') \leq \mathcal{R}(\tilde{\eta}) + \mathcal{R}(\tilde{\eta}')$
- 公理 2：**正の同次性** (positive homogeneity)
  任意の $\lambda > 0$ に対して，$\mathcal{R}(\lambda\tilde{\eta}) = \lambda\mathcal{R}(\tilde{\eta})$
- 公理 3：**単調性** (monotonicity)[*2)]

---

*1) コヒレント・リスク尺度については，Artzner et al. (1999) が詳しい．なお，確率変数 $\tilde{\eta}$ が損失ではなく収益を表すとした場合には，$\tilde{\eta}$ は大きい方が望ましいことになる．この場合のリスク尺度を $\hat{\mathcal{R}}(\tilde{\eta})$ とすると，公理 1 と公理 2 に関しては同様に表現される．他方，公理 3 の単調性は，$\tilde{\eta} \leq \tilde{\eta}'$ ならば $\hat{\mathcal{R}}(\tilde{\eta}) \geq \hat{\mathcal{R}}(\tilde{\eta}')$ と表せる．公理 4 の並進不変性は，任意の実数 t に対して $\hat{\mathcal{R}}(\tilde{\eta} + t) = \hat{\mathcal{R}}(\tilde{\eta}) - t$ と表せる．

*2) 標本空間 Ω と根元事象 $\omega \in \Omega$ を考えると，確率変数 $\tilde{\eta}$ は可測関数 $\tilde{\eta} : \Omega \to \mathbb{R}$ と表される．$\tilde{\eta} \leq \tilde{\eta}'$ は確率変数どうしの比較をしており，より正確には $\tilde{\eta}(\omega) \leq \tilde{\eta}'(\omega)$ が確率 1 で成り立つときを述べている．換言すると，ほとんどいたるところ (almost everywhere: a.e.)，ないし，ほとんど確実に (almost surely: a.s.)，$\tilde{\eta}(\omega) \leq \tilde{\eta}'(\omega)$ が成り立つときである．

$\tilde{\eta} \leq \tilde{\eta}'$ ならば，$\mathcal{R}(\tilde{\eta}) \leq \mathcal{R}(\tilde{\eta}')$

- 公理 4：**並進不変性** (translation invariance)

任意の実数 t に対して，$\mathcal{R}(\tilde{\eta}+t) = \mathcal{R}(\tilde{\eta}) + t$

コヒレントには首尾一貫したという意味がある．公理 1 は，ポートフォリオをバラバラでもつよりも，ポートフォリオをひとまとめで管理した方が，リスクが下がる (ないし同等である) ことを意味する．公理 2 は，ポートフォリオの量を λ 倍すると，リスクも λ 倍になるという意味である．公理 3 は，より大きな損失を生むポートフォリオは，よりリスクが大きいことを意味する．公理 4 で実数 t は，確率変数ではないので，確実に損失を生む資産に対応する．このような資産がポートフォリオに加わると，全体のリスクが高まることを公理 4 は意味する．

公理 1 と公理 2 は凸性と関連がある．凸性については，次の公理 5 として表現できる．

- 公理 5：**凸性** (convexity)

任意の $\lambda \in (0,1)$ に対して，$\mathcal{R}\big(\lambda\tilde{\eta} + (1-\lambda)\tilde{\eta}'\big) \leq \lambda\mathcal{R}(\tilde{\eta}) + (1-\lambda)\mathcal{R}(\tilde{\eta}')$

公理 1・2 と公理 5 の間の関係は，次の命題に整理できる．

命題 3.1 リスク尺度 $\mathcal{R}(\tilde{\eta})$ に関して，劣加法性 (公理 1) と正の同次性 (公理 2) が成り立てば，凸性 (公理 5) が成立する．

証明 任意の $\lambda \in (0,1)$ に対して

$$\begin{aligned}\mathcal{R}\big(\lambda\tilde{\eta} + (1-\lambda)\tilde{\eta}'\big) &\leq \mathcal{R}(\lambda\tilde{\eta}) + \mathcal{R}\big((1-\lambda)\tilde{\eta}'\big) \\ &= \lambda\mathcal{R}(\tilde{\eta}) + (1-\lambda)\mathcal{R}(\tilde{\eta}')\end{aligned}$$

が成り立つ．最初の不等号は劣加法性による．次の等号は正の同次性による． □

命題 3.2 リスク尺度 $\mathcal{R}(\tilde{\eta})$ に関して，正の同次性 (公理 2) と凸性 (公理 5) が成り立てば，劣加法性 (公理 1) が成立する．

証明 $\mathcal{R}(\tilde{\eta})$ に関して

$$\mathcal{R}(\tilde{\eta} + \tilde{\eta}') = \mathcal{R}\left(2\left(\frac{1}{2}\tilde{\eta} + \frac{1}{2}\tilde{\eta}'\right)\right)$$

$$= 2\mathcal{R}\left(\frac{1}{2}\tilde{\eta} + \frac{1}{2}\tilde{\eta}'\right)$$
$$\leq \mathcal{R}(\tilde{\eta}) + \mathcal{R}(\tilde{\eta}')$$

が成り立つ．2番目の等号は正の同次性による．最後の不等号は凸性による． □

劣加法性と正の同次性の代わりに，凸性を満たすようなリスク尺度を考えることができる．すなわち，公理3・4および5を満たす尺度は**凸リスク尺度** (convex risk measure) とよばれる．命題3.1より明らかに，コヒレント・リスク尺度は凸リスク尺度である．コヒレント・リスク尺度は，凸の性質をもつため，数理計画問題に組み込むのに便利である．一方，命題3.2より，凸リスク尺度が正の同次性も合わせもてば，コヒレント・リスク尺度となる．

リスク尺度の公理については他にも多様な議論がある．リスク尺度の望ましい性質に関する考え方は一意ではなく，さまざまな公理体系が提案されている．

3.2 VaR

本節以降，これまで提案された代表的なリスク尺度について，より具体的に見てみよう．リスク尺度の例としてわかりやすいものに分散がある．分散 $\mathbb{E}\left[(\tilde{\eta} - \mathbb{E}[\tilde{\eta}])^2\right]$ は，確率変数である損失 $\tilde{\eta}$ のばらつきの度合いを示す．この尺度の欠点は，損失が期待値よりも小さくなる場合もリスクとして評価してしまうことである．むしろ，損失が期待値を超えて非常に大きくなる場合をリスクとして評価したい．

より望ましいリスク尺度を理解するために，その準備として分位点の考え方を整理しておく．確率変数 $\tilde{\eta}$ の累積分布関数を $F_{\tilde{\eta}}(z) = \mathbb{P}(\tilde{\eta} \leq z)$ とし，$\alpha \in (0, 1)$ とする [*3]．**α 分位点** (α-quantile) とは，大雑把に述べると，分布を $\alpha : 1 - \alpha$ に分割する値である．より正確には

$$\mathbb{P}(\tilde{\eta} \leq z) \geq \alpha, \quad \mathbb{P}(\tilde{\eta} \geq z) \geq 1 - \alpha$$

を満たす z が α 分位点である．また，**分位点関数** (quantile function) $F_{\tilde{\eta}}^{-1}$:

---

*3) 根元事象 $\omega \in \Omega$ を考えると，$F_{\tilde{\eta}}(z) = \mathbb{P}(\{\omega \mid \tilde{\eta}(\omega) \leq z\})$ とも書ける．

$(0,1) \to \mathbb{R}$ を次のように定義できる.

$$F_{\tilde{\eta}}^{-1}(\alpha) = \min_z \{ z \mid \mathbb{P}(\tilde{\eta} \le z) \ge \alpha \} \tag{3.5}$$

$$= \min_z \{ z \mid F_{\tilde{\eta}}(z) \ge \alpha \} \tag{3.6}$$

よく活用されるリスク尺度の一つである VaR ないしバリュー・アット・リスク (value-at-risk) は, 分位点の概念を用いて定義される. 累積分布関数 $F_{\tilde{\eta}}(z)$ が不連続な場合も含めて, 一般に VaR は

$$\mathrm{VaR}_\alpha(\tilde{\eta}) = F_{\tilde{\eta}}^{-1}(\alpha) = \min_z \{ z \mid F_{\tilde{\eta}}(z) \ge \alpha \} \tag{3.7}$$

と表される. 累積分布関数が連続関数であれば, $\mathrm{VaR}_\alpha(\tilde{\eta})$ は

$$F_{\tilde{\eta}}(z) = \alpha \tag{3.8}$$

を満たす.

一般に VaR を解釈すると, 損失が $\mathrm{VaR}_\alpha(\tilde{\eta})$ の値以下となる確率は少なくとも α である. たとえば, $\alpha = 0.99$ で $\mathrm{VaR}_{0.99} = 100$ 万円であったとしよう. すると, 損失が 100 万円以下となる確率は少なくとも 99% である. 大雑把にいえば, 意思決定者は, よほどのことがなければ損失は 100 万円の範囲内でおさまると予想できるだろう.

VaR は比較的わかりやすい概念でもあり, 金融機関のリスク管理など現実にも広く活用されている. しかし, リスク尺度の公理の観点からは欠点もある. VaR は, 正の同次性 (公理 2), 単調性 (公理 3), 並進不変性 (公理 4) は満たすが, 一般には劣加法性 (公理 1) は満たさないことが知られている. したがって, VaR はコヒレント・リスク尺度ではない. そして VaR は, 一般には凸性をもたない.

3.3 CVaR

3.3.1 定　義

VaR の他に, 代表的なリスク尺度として CVaR ないし条件付きバリュー・アット・リスク (conditional value-at-risk) がある. CVaR はコヒレント・リ

スク尺度であることが知られており，VaR の欠点を改善した尺度ともみなされる [*4)]．コヒレント・リスク尺度は凸リスク尺度であるので，CVaR は凸の性質をもち，数理計画問題に組み込むのに便利である．

先と同様，損失を示す確率変数 $\tilde{\eta}$ の累積分布関数を $F_{\tilde{\eta}}(z)$ とし，$\alpha \in (0,1)$ とする．累積分布関数 $F_{\tilde{\eta}}(z)$ が連続関数であれば，CVaR は簡明に表現できる．すなわち，CVaR とは，損失が VaR 以上となる場合の期待損失である．式で書くと

$$\mathrm{CVaR}_\alpha(\tilde{\eta}) = \mathbb{E}\big[\tilde{\eta} \mid \tilde{\eta} \geq \mathrm{VaR}_\alpha(\tilde{\eta})\big] \tag{3.9}$$

$$= \frac{1}{1-\alpha}\int_{\mathrm{VaR}_\alpha(\tilde{\eta})}^{\infty} z \mathrm{d}F_{\tilde{\eta}}(z) \tag{3.10}$$

と表せる．CVaR は，VaR を超える範囲についても期待損失の形で情報を与えてくれるという長所をもつ．図 3.1 は，VaR と CVaR のイメージを示している．

$F_{\tilde{\eta}}(z)$ が不連続な場合も含めてより一般には，上側確率を考えた累積分布関数 $F_{\tilde{\eta}}^{\alpha}(z)$ により，CVaR を

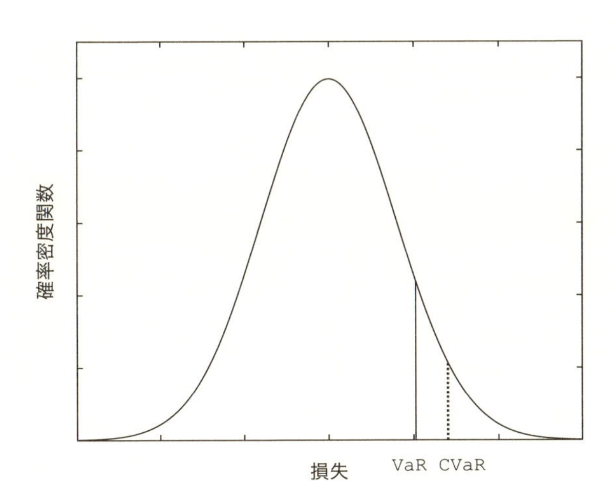

図 3.1 VaR と CVaR のイメージ

*4) CVaR については，Rockafellar and Uryasev (2000) が詳しい．

$$\mathrm{CVaR}_\alpha(\tilde{\eta}) = \int_{-\infty}^{\infty} z \mathrm{d}F_{\tilde{\eta}}^{\alpha}(z) \tag{3.11}$$

$$F_{\tilde{\eta}}^{\alpha}(z) = \begin{cases} 0 & \text{if } z < \mathrm{VaR}_\alpha(\tilde{\eta}) \\ \frac{F_{\tilde{\eta}}(z)-\alpha}{1-\alpha} & \text{if } z \geq \mathrm{VaR}_\alpha(\tilde{\eta}) \end{cases} \tag{3.12}$$

と定義できる．

累積分布関数 $F_{\tilde{\eta}}(z)$ が連続な場合の CVaR の定義式 (3.10) は，さらに以下のように変形できる．なお，下記で a^+ は $\max(a, 0)$ のことである．

$$\begin{aligned}
\mathrm{CVaR}_\alpha(\tilde{\eta}) &= \frac{1}{1-\alpha} \int_{\mathrm{VaR}_\alpha(\tilde{\eta})}^{\infty} z \mathrm{d}F_{\tilde{\eta}}(z) \\
&= \frac{1}{1-\alpha} \left\{ \int_{\mathrm{VaR}_\alpha(\tilde{\eta})}^{\infty} z \mathrm{d}F_{\tilde{\eta}}(z) - \big(\mathrm{VaR}_\alpha(\tilde{\eta}) - \mathrm{VaR}_\alpha(\tilde{\eta})\big)(1-\alpha) \right\} \\
&= \frac{1}{1-\alpha} \left\{ \int_{\mathrm{VaR}_\alpha(\tilde{\eta})}^{\infty} z \mathrm{d}F_{\tilde{\eta}}(z) \right. \\
&\qquad \left. - \mathrm{VaR}_\alpha(\tilde{\eta}) \int_{\mathrm{VaR}_\alpha(\tilde{\eta})}^{\infty} \mathrm{d}F_{\tilde{\eta}}(z) + \mathrm{VaR}_\alpha(\tilde{\eta})(1-\alpha) \right\} \\
&= \frac{1}{1-\alpha} \left\{ \int_{\mathrm{VaR}_\alpha(\tilde{\eta})}^{\infty} \big(z - \mathrm{VaR}_\alpha(\tilde{\eta})\big) \mathrm{d}F_{\tilde{\eta}}(z) + \mathrm{VaR}_\alpha(\tilde{\eta})(1-\alpha) \right\} \\
&= \mathrm{VaR}_\alpha(\tilde{\eta}) + \frac{1}{1-\alpha} \int_{-\infty}^{\infty} \big(z - \mathrm{VaR}_\alpha(\tilde{\eta})\big)^+ \mathrm{d}F_{\tilde{\eta}}(z) \\
&= \mathrm{VaR}_\alpha(\tilde{\eta}) + \frac{1}{1-\alpha} \mathbb{E}\big[\big(\tilde{\eta} - \mathrm{VaR}_\alpha(\tilde{\eta})\big)^+\big]
\end{aligned} \tag{3.13}$$

明らかに $\mathrm{CVaR}_\alpha(\tilde{\eta}) \geq \mathrm{VaR}_\alpha(\tilde{\eta})$ であり，損失が VaR 以上となる場合の期待損失を CVaR が示す．

実際の計算では，VaR を明示的に意識しなくても，最適化問題を解くことにより CVaR を求めることができる．具体的には CVaR は，次の最小化問題に関する最適値として定式化できる．また最小化問題の最適解が VaR となる．

$$\mathrm{CVaR}_\alpha(\tilde{\eta}) = \min_v v + \frac{1}{1-\alpha} \mathbb{E}\big[(\tilde{\eta} - v)^+\big] \tag{3.14}$$

最小化問題 (3.14) は，目的関数が凸となることが知られており (問題 3.2 を参照)，**凸計画問題** (convex programming problem) として解くことができる．

以下では実際に解いてみよう．まず準備として，部分積分の公式より

$$\int_v^t (z-v)\mathrm{d}F_{\tilde{\eta}}(z) = \Big[-(z-v)\big(1-F_{\tilde{\eta}}(z)\big)\Big]_v^t + \int_v^t \big(1-F_{\tilde{\eta}}(z)\big)\mathrm{d}z$$

が成り立ち，極限 $t\to\infty$ をとることで

$$\int_v^\infty (z-v)\mathrm{d}F_{\tilde{\eta}}(z) = \int_v^\infty \big(1-F_{\tilde{\eta}}(z)\big)\mathrm{d}z$$

を得る．$\mathbb{E}\big[(\tilde{\eta}-v)^+\big] = \int_v^\infty (z-v)\mathrm{d}F_{\tilde{\eta}}(z)$ であることから，最小化問題 (3.14) は

$$\min_v v + \frac{1}{1-\alpha}\int_v^\infty \big(1-F_{\tilde{\eta}}(z)\big)\mathrm{d}z \tag{3.15}$$

と書き換えられる．この問題は凸計画問題なので，v で微分することで大域的最適解の必要十分条件が次のとおり導かれる．

$$1-\frac{1}{1-\alpha}\big(1-F_{\tilde{\eta}}(v)\big)=0$$
$$F_{\tilde{\eta}}(v)=\alpha$$

これより，最適解 $v^* = F_{\tilde{\eta}}^{-1}(\alpha) = \mathrm{VaR}_\alpha(\tilde{\eta})$ が求まる．そして，最適解を最小化問題 (3.14) の目的関数に代入して最適値を求めれば，式 (3.13) で示した $\mathrm{CVaR}_\alpha(\tilde{\eta})$ が導かれる．CVaR は凸計画問題の最適値として表現できるため，3.4 節のリスクを考慮した確率計画法を考えるときに有用となる．なお，累積分布関数が連続な場合だけでなく不連続な場合についても，最小化問題 (3.14) の最適値として $\mathrm{CVaR}_\alpha(\tilde{\eta})$ を求めることができる [*5)]．

3.3.2 基本的な性質

CVaR は，劣加法性 (公理 1)，正の同次性 (公理 2)，単調性 (公理 3)，並進不変性 (公理 4) のすべてを満たすことが知られている．したがって，VaR と異なり，CVaR はコヒレント・リスク尺度である．

本項では，凸性と関係のある劣加法性 (公理 1) と正の同次性 (公理 2) について，CVaR の基本的な性質を確認する．

命題 3.3 CVaR は劣加法性を満たす．すなわち，以下が成立する．

$$\mathrm{CVaR}_\alpha(\tilde{\eta}_1+\tilde{\eta}_2) \le \mathrm{CVaR}_\alpha(\tilde{\eta}_1) + \mathrm{CVaR}_\alpha(\tilde{\eta}_2)$$

---

*5) Pflug (2000) に詳しい議論がある．

証明　$\tilde{\eta}_1, \tilde{\eta}_2$ に関して，$v_1 = \mathrm{VaR}_\alpha(\tilde{\eta}_1)$，$v_2 = \mathrm{VaR}_\alpha(\tilde{\eta}_2)$ とする．任意の $a, b \in \mathbb{R}$ に対して $(a+b)^+ \leq a^+ + b^+$ が成り立つことに注意すると

$$\begin{aligned}
\mathrm{CVaR}_\alpha(\tilde{\eta}_1) + \mathrm{CVaR}_\alpha(\tilde{\eta}_2) &= v_1 + v_2 + \frac{1}{1-\alpha}\mathbb{E}\big[\big(\tilde{\eta}_1 - v_1\big)^+ + \big(\tilde{\eta}_2 - v_2\big)^+\big] \\
&\geq v_1 + v_2 + \frac{1}{1-\alpha}\mathbb{E}\big[\big(\tilde{\eta}_1 + \tilde{\eta}_2 - v_1 - v_2\big)^+\big] \\
&\geq \min_v v + \frac{1}{1-\alpha}\mathbb{E}\big[\big(\tilde{\eta}_1 + \tilde{\eta}_2 - v\big)^+\big] \\
&= \mathrm{CVaR}_\alpha(\tilde{\eta}_1 + \tilde{\eta}_2)
\end{aligned}$$

が成立する．□

命題 3.4　CVaR は正の同次性を満たす．すなわち，任意の $\lambda > 0$ に対して，以下が成立する．

$$\mathrm{CVaR}_\alpha(\lambda\tilde{\eta}) = \lambda \mathrm{CVaR}_\alpha(\tilde{\eta})$$

証明　任意の $\lambda > 0$ に対して

$$\begin{aligned}
\mathrm{CVaR}_\alpha(\lambda\tilde{\eta}) &= \min_v v + \frac{1}{1-\alpha}\mathbb{E}\big[\big(\lambda\tilde{\eta} - v\big)^+\big] \\
&= \min_v v + \frac{\lambda}{1-\alpha}\mathbb{E}\left[\left(\tilde{\eta} - \frac{v}{\lambda}\right)^+\right] \\
&= \lambda \min_v \frac{v}{\lambda} + \frac{1}{1-\alpha}\mathbb{E}\left[\left(\tilde{\eta} - \frac{v}{\lambda}\right)^+\right] \\
&= \lambda \min_{v'} v' + \frac{1}{1-\alpha}\mathbb{E}\big[\big(\tilde{\eta} - v'\big)^+\big] \\
&= \lambda \mathrm{CVaR}_\alpha(\tilde{\eta})
\end{aligned}$$

が成立する．□

さらに，命題 3.1 が示すように，劣加法性 (公理 1) と正の同次性 (公理 2) が成り立てば，凸性 (公理 5) が成立する．CVaR はコヒレント・リスク尺度であり，凸性という便利な性質をもっている．

3.4　リスクを考慮した確率計画法

3.4.1　CVaR と 2 段階確率計画問題

CVaR をリスク尺度として採用すると，3.1.1 項の問題 (3.3) は，ウェイト付

けのパラメータ $\beta \in [0,1]$ を用いて以下のように定式化できる.

$$\begin{aligned} \min_{\boldsymbol{x}} \, & (1-\beta)\mathbb{E}\big[V(\boldsymbol{x},\tilde{\boldsymbol{\xi}})\big] + \beta \mathrm{CVaR}_\alpha\big(V(\boldsymbol{x},\tilde{\boldsymbol{\xi}})\big) \\ \text{s.t.} \quad & \boldsymbol{A}\boldsymbol{x} = \boldsymbol{b} \\ & \boldsymbol{x} \geq \boldsymbol{0} \end{aligned} \tag{3.16}$$

この問題は, CVaR の定義式 (3.14) を用いると次のように表現できる.

$$\begin{aligned} \min_{\boldsymbol{x}} \, & (1-\beta)\mathbb{E}\big[V(\boldsymbol{x},\tilde{\boldsymbol{\xi}})\big] + \beta \min_{v} \left\{ v + \frac{1}{1-\alpha}\mathbb{E}\big[\big(V(\boldsymbol{x},\tilde{\boldsymbol{\xi}}) - v\big)^+\big] \right\} \\ \text{s.t.} \quad & \boldsymbol{A}\boldsymbol{x} = \boldsymbol{b} \\ & \boldsymbol{x} \geq \boldsymbol{0} \end{aligned} \tag{3.17}$$

さらに, $\boldsymbol{x}, v$ に関する次の最小化問題として書き換えられる.

$$\begin{aligned} \min_{\boldsymbol{x},v} \, & (1-\beta)\mathbb{E}\big[V(\boldsymbol{x},\tilde{\boldsymbol{\xi}})\big] + \beta \left\{ v + \frac{1}{1-\alpha}\mathbb{E}\big[\big(V(\boldsymbol{x},\tilde{\boldsymbol{\xi}}) - v\big)^+\big] \right\} \\ \text{s.t.} \quad & \boldsymbol{A}\boldsymbol{x} = \boldsymbol{b} \\ & \boldsymbol{x} \geq \boldsymbol{0} \end{aligned} \tag{3.18}$$

上記の問題で, $\tilde{\boldsymbol{\xi}}$ が離散確率分布にしたがうとする. 以前の章と同様に, $\tilde{\boldsymbol{\xi}}$ の分布が有限な台 $\Xi = \{\boldsymbol{\xi}^1, \ldots, \boldsymbol{\xi}^K\}$ をもつとし, $\boldsymbol{\xi}^k$ に確率 p^k が与えられるとする. すると問題 (3.18) は, 以下のとおり定式化できる.

$$\begin{aligned} \min_{\boldsymbol{x},v} \, & (1-\beta)\sum_{k=1}^{K} p^k V(\boldsymbol{x},\boldsymbol{\xi}^k) + \beta \left\{ v + \frac{1}{1-\alpha}\sum_{k=1}^{K} p^k \big(V(\boldsymbol{x},\boldsymbol{\xi}^k) - v\big)^+ \right\} \\ \text{s.t.} \quad & \boldsymbol{A}\boldsymbol{x} = \boldsymbol{b} \\ & \boldsymbol{x} \geq \boldsymbol{0} \end{aligned} \tag{3.19}$$

さらに, $\big(V(\boldsymbol{x},\boldsymbol{\xi}^k) - v\big)^+$ の扱いをより容易にするために, 新たな変数 $u(\boldsymbol{\xi}^k) \geq 0$, $k = 1, \ldots, K$ を導入し, $u(\boldsymbol{\xi}^k)$ を $V(\boldsymbol{x},\boldsymbol{\xi}^k) - v$ の上界として, 問題 (3.19) と等価な次の問題に書き換えることができる.

$$
\begin{aligned}
\min_{\boldsymbol{x},v,u(\boldsymbol{\xi}^1),\ldots,u(\boldsymbol{\xi}^K)} \quad & (1-\beta)\sum_{k=1}^{K} p^k V(\boldsymbol{x},\boldsymbol{\xi}^k) + \beta\left(v + \frac{1}{1-\alpha}\sum_{k=1}^{K} p^k u(\boldsymbol{\xi}^k)\right) \\
\text{s.t.} \quad & V(\boldsymbol{x},\boldsymbol{\xi}^k) - v \le u(\boldsymbol{\xi}^k),\ k=1,\ldots,K \qquad (3.20) \\
& u(\boldsymbol{\xi}^k) \ge 0,\ k=1,\ldots,K \\
& \boldsymbol{A}\boldsymbol{x} = \boldsymbol{b} \\
& \boldsymbol{x} \ge \boldsymbol{0}
\end{aligned}
$$

このように，確率変数が離散確率分布にしたがう場合に，CVaR を考慮した確率計画問題 (3.20) を考えることができる．

第 1 章と第 2 章において，離散確率分布のケースでは，2 段階の確率線形計画問題 (2.1) は一般的な線形計画問題となった．問題 (2.1) の表現を用いて $V(\boldsymbol{x},\boldsymbol{\xi}^k)$ をさらに具体的に定式化すると，CVaR を考慮した上記の問題 (3.20) は次のとおり変形できる．

$$
\begin{aligned}
\min_{\substack{\boldsymbol{x},\boldsymbol{y}(\boldsymbol{\xi}^1),\ldots,\boldsymbol{y}(\boldsymbol{\xi}^K),\\ v,u(\boldsymbol{\xi}^1),\ldots,u(\boldsymbol{\xi}^K)}} \quad & (1-\beta)\left(\boldsymbol{c}^\top\boldsymbol{x} + \sum_{k=1}^{K} p^k \boldsymbol{q}(\boldsymbol{\xi}^k)^\top \boldsymbol{y}(\boldsymbol{\xi}^k)\right) \qquad (3.21) \\
& +\beta\left(v + \frac{1}{1-\alpha}\sum_{k=1}^{K} p^k u(\boldsymbol{\xi}^k)\right) \\
\text{s.t.} \quad & \boldsymbol{c}^\top\boldsymbol{x} + \boldsymbol{q}(\boldsymbol{\xi}^k)^\top \boldsymbol{y}(\boldsymbol{\xi}^k) - v \le u(\boldsymbol{\xi}^k),\ k=1,\ldots,K \\
& u(\boldsymbol{\xi}^k) \ge 0,\ k=1,\ldots,K \\
& \boldsymbol{A}\boldsymbol{x} = \boldsymbol{b} \\
& \boldsymbol{T}(\boldsymbol{\xi}^k)\boldsymbol{x} + \boldsymbol{W}\boldsymbol{y}(\boldsymbol{\xi}^k) = \boldsymbol{h}(\boldsymbol{\xi}^k),\quad k=1,\ldots,K \\
& \boldsymbol{x} \ge \boldsymbol{0} \\
& \boldsymbol{y}(\boldsymbol{\xi}^k) \ge \boldsymbol{0},\quad k=1,\ldots,K
\end{aligned}
$$

以上，離散確率分布のもとで，2 段階の確率線形計画問題にリスク尺度として CVaR を組み込むと，線形計画問題に帰着することがわかる．CVaR を考慮した確率計画問題を線形計画問題として扱うことができるので，実用上役に立つ．

3.4.2 数 値 例

第1章の模擬店の例を応用して，CVaR を考慮した確率計画問題の数値例を示す．学園祭当日の需要量 ξ^k に関して，確率 p^k の付されたシナリオが K 個あるとして，問題 (3.21) に沿って以下の最適化問題を考える．

$$
\begin{aligned}
\min_{\substack{x,\boldsymbol{y}(\xi^1),\ldots,\boldsymbol{y}(\xi^K),\\ v,u(\xi^1),\ldots,u(\xi^K)}} \quad & (1-\beta)\left\{60x+\sum_{k=1}^{K}p^k\bigl(-100y_1(\xi^k)-10y_2(\xi^k)\bigr)\right\} \qquad (3.22)\\
& +\beta\left(v+\frac{1}{1-\alpha}\sum_{k=1}^{K}p^k u(\xi^k)\right)\\
\text{s.t.} \quad & 60x-100y_1(\xi^k)-10y_2(\xi^k)-v\le u(\xi^k),\ k=1,\ldots,K\\
& u(\xi^k)\ge 0,\ k=1,\ldots,K\\
& 0\le x\le 1500\\
& y_1(\xi^k)+y_2(\xi^k)\le x,\quad k=1,\ldots,K\\
& y_1(\xi^k)\le \xi^k,\quad k=1,\ldots,K\\
& y_1(\xi^k),y_2(\xi^k)\ge 0,\quad k=1,\ldots,K
\end{aligned}
$$

需要量 ξ^k に関して，表 3.1 に示す 10 個のシナリオを想定し，それぞれ実現する確率が $p^k=\frac{1}{10}$, $k=1,\ldots,10$ だとする．第1章では当日に雨か晴れとなるのが半々の単純なケースを考えたが，ここではより多くのシナリオを想定している．特に，嵐のような荒れた天候になると人出が激減し，シナリオ 1, 2 のように需要量も非常に少なくなりうる．A 君は，このようなリスクも考慮して，CVaR を含む確率計画問題 (3.22) を解く．

問題 (3.22) は線形計画問題であり，汎用ソルバーを利用して解くことができる．表 3.2 は，線形計画問題を解くのに適したソルバー CPLEX を用いて計算した結果を示している．リスクに係る α 分位点は 0.8 (80%) とした．リスクのウェイト付けのパラメータ β は，0 から 1 まで 0.1 刻みで変えて計算した．先述のとおり，$\beta=0$ はリスクを考慮せず費用の期待値のみに着目する場合で，逆に $\beta=1$ はリスクのみに関心を払う極端な場合である．

$\beta=0$ のとき，A 君は事前に焼き鳥を $x^*=800$ 本仕入れ，その期待費用は -14450 円 (期待利益が 14450 円) である．しかし，CVaR の値は高く，28750

表 3.1　シナリオ

シナリオ k	需要量 ξ^k	シナリオ k	需要量 ξ^k
1	50	6	900
2	200	7	1000
3	400	8	1100
4	600	9	1200
5	800	10	1400

表 3.2　異なる β のもとでの結果

β	最適解 x^*	最適値	期待費用	CVaR
0	800	-14450	-14450	28750
0.1	600	-10410	-13650	18750
0.2	600	-7170	-13650	18750
0.3	400	-5110	-11050	8750
0.4	200	-4490	-6650	-1250
0.5	200	-3950	-6650	-1250
0.6	200	-3410	-6650	-1250
0.7	200	-2870	-6650	-1250
0.8	200	-2330	-6650	-1250
0.9	50	2000	-2000	-2000
1	50	-2000	-2000	-2000

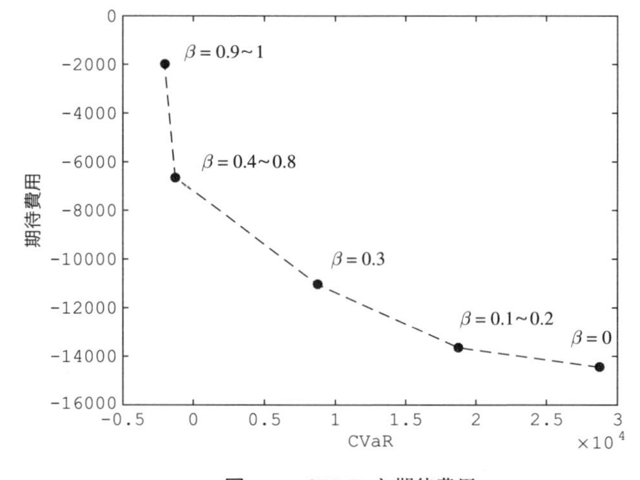

図 3.2　CVaR と期待費用

円である．ここでの CVaR の正の値は赤字に相当する．これは，当日にシナリオ 1, 2 のような荒れた天候となった場合，大幅な売れ残りが生じるリスクが存在するからだ．$\beta > 0$ のときには，A 君はリスクも気にかけて，焼き鳥の仕入れ量を 800 本より減らし，CVaR の値も下げようとする．表 3.2 の CVaR と期待費用の組をプロットしたのが図 3.2 である．図が示すように，期待費用が小さく (期待利益が大きく) なれば，リスクも高まる．

演 習 問 題

問題 3.1 VaR は，一般には劣加法性を満たさない．VaR が劣加法性を満たさないような数値例を考えよ．

問題 3.2 最小化問題 (3.14) の目的関数 $v+\frac{1}{1-\alpha}\mathbb{E}\left[\left(\tilde{\eta}-v\right)^{+}\right]$ が v に関して凸となることを証明せよ．

CHAPTER

4 ロバスト最適化

4.1 基本的なロバスト最適化

4.1.1 リコースのない問題

ロバスト最適化 (robust optimization) は，確率計画法とは異なる視点で，不確実性下の意思決定問題を捉える．確率計画法では，不確実な要素を確率変数とその分布により表現する．これに対して基本的なロバスト最適化では，確率分布は考えずに，不確実な要素のとりうる値の集合，すなわち**不確実性集合** (uncertainty set) に着目する [*1)]．そして，不確実性集合の中のどの値が実現しても実行可能な解を考え，**最悪なケース** (worst-case) が起きたとしても最適となるような意思決定を行う．この手法は近年，エネルギーをはじめ，さまざまな分野で応用されるようになった．

以下では，リコースのない 1 段階のロバスト最適化について基本形を示す．不確実なパラメータを $\boldsymbol{u}_i \in \mathbb{R}^l$ とし，そのとりうる値を表す不確実性集合を $\mathcal{U}_i \subseteq \mathbb{R}^l$ とする．$\boldsymbol{u}_i$ が実現するより前に $\boldsymbol{x} \in \mathbb{R}^n$ を決めなければならない．不確実なパラメータを含む m 本の制約式 $f_i(\boldsymbol{x}, \boldsymbol{u}_i) \leq 0$ のもとで，目的関数 $f_0(\boldsymbol{x})$ を最小化する問題は

$$\min_{\boldsymbol{x}} f_0(\boldsymbol{x}) \tag{4.1}$$
$$\text{s.t.} \quad \boldsymbol{x} \geq \boldsymbol{0}$$

---

*1) より高度となるが，分布に関してロバストな最適化 (distributionally robust optimization) とよばれる手法では，分布族を考え，確率分布に関する**曖昧性集合** (ambiguity set) に着目する．

$$f_i(\boldsymbol{x}, \boldsymbol{u}_i) \leq 0, \ \forall \boldsymbol{u}_i \in \mathcal{U}_i, \ i = 1, \ldots, m$$

と表される．$\boldsymbol{u}_i$ が実現した後のリコースがないので，これは 1 段階のロバスト最適化の問題である．

不確実性集合 $\mathcal{U}_i$ の中のどの値が実現しても，制約式 $f_i(\boldsymbol{x}, \boldsymbol{u}_i) \leq 0$ が満たされなければならない．これは，$f_i(\boldsymbol{x}, \boldsymbol{u}_i)$ が最大の値をとったとしても 0 以下となる制約と同じである．そこで，問題 (4.1) は次のように書き換えられる．

$$\begin{aligned} &\min_{\boldsymbol{x}} f_0(\boldsymbol{x}) && (4.2) \\ &\text{s.t.} \quad \boldsymbol{x} \geq \boldsymbol{0} \\ &\qquad \max_{\boldsymbol{u}_i} \{ f_i(\boldsymbol{x}, \boldsymbol{u}_i) \mid \boldsymbol{u}_i \in \mathcal{U}_i \} \leq 0, \ i = 1, \ldots, m \end{aligned}$$

上記のような基本的なロバスト最適化では，確率計画法のように不確実なパラメータの確率分布を考えるのでなく，最悪なケースの発生を想定して意思決定を行う．

問題 (4.1) が線形の目的関数や制約式で構成されるときは，ロバスト線形最適化 (robust linear optimization) ないしロバスト線形計画法 (robust linear programming) の問題となる．不確実なパラメータの行例を $\boldsymbol{A} \in \mathbb{R}^{m \times n}$ とし，その i 行目の値によってつくられる列ベクトルを $\boldsymbol{a}_i \in \mathbb{R}^n$ とする．$\boldsymbol{a}_i$ のとりうる値は不確実性集合 $\mathcal{U}_i \subseteq \mathbb{R}^n$ として表現される．その他，不確実性のないパラメータを $\boldsymbol{b} \in \mathbb{R}^m, \boldsymbol{c} \in \mathbb{R}^n$ とし，意思決定変数を $\boldsymbol{x} \in \mathbb{R}^n$ とすると，ロバスト線形最適化の問題は次のように表せる．

$$\begin{aligned} &\min_{\boldsymbol{x}} \boldsymbol{c}^\top \boldsymbol{x} && (4.3) \\ &\text{s.t.} \quad \boldsymbol{x} \geq \boldsymbol{0} \\ &\qquad \boldsymbol{A}\boldsymbol{x} \leq \boldsymbol{b}, \ \forall \boldsymbol{a}_1 \in \mathcal{U}_1, \ldots, \forall \boldsymbol{a}_m \in \mathcal{U}_m \end{aligned}$$

また，$\boldsymbol{A}$ の代わりに $\boldsymbol{a}_i$ を用いて定式化すれば

$$\begin{aligned} &\min_{\boldsymbol{x}} \boldsymbol{c}^\top \boldsymbol{x} && (4.4) \\ &\text{s.t.} \quad \boldsymbol{x} \geq \boldsymbol{0} \\ &\qquad \boldsymbol{a}_i^\top \boldsymbol{x} \leq b_i, \ \forall \boldsymbol{a}_i \in \mathcal{U}_i, \ i = 1, \ldots, m \end{aligned}$$

となる．さらに，問題 (4.2) と同様の形で

$$\begin{aligned} &\min_{\boldsymbol{x}} \boldsymbol{c}^\top \boldsymbol{x} \\ &\text{s.t.} \quad \boldsymbol{x} \geq \boldsymbol{0} \\ &\qquad \max_{\boldsymbol{a}_i} \left\{ \boldsymbol{a}_i^\top \boldsymbol{x} \mid \boldsymbol{a}_i \in \mathcal{U}_i \right\} \leq b_i, \ i = 1, \ldots, m \end{aligned} \tag{4.5}$$

と表すことができる．

基本的なロバスト最適化では，不確実なパラメータの確率分布を考慮しなくてもよいというメリットがある．パラメータの確率分布に関する情報が得にくい場合に，ロバスト最適化の手法は効果的である．他方，ロバスト最適化では不確実性集合を適切に定義することが重要となる．ロバスト最適化は最悪の事態を想定するので，不確実性集合の定義の仕方によっては，得られる最適解が保守的 (conservative) となることもありえる．また，不確実性集合の選択次第で，計算負荷が莫大となることもありえる．続く 4.1.2 項と 4.1.3 項では，不確実性集合の定義に関して典型的なものを紹介する．

4.1.2 多面体の不確実性集合

まず，多面体の不確実性集合 (polyhedral uncertainty set) を定義する．具体的には，不確実性のないパラメータ $\boldsymbol{D}_i \in \mathbb{R}^{k \times n}$ と $\boldsymbol{d}_i \in \mathbb{R}^k$ を用いて，$\boldsymbol{a}_i$ のとりうる値を表す不確実性集合を

$$\mathcal{U}_i = \left\{ \boldsymbol{a}_i \mid \boldsymbol{D}_i \boldsymbol{a}_i \leq \boldsymbol{d}_i \right\} \tag{4.6}$$

とする．$\mathcal{U}_i$ は，有限個の閉半空間の共通部分として表される集合なので，凸多面体である．

ロバスト線形最適化を考え，多面体の不確実性集合 $\mathcal{U}_i$ により問題 (4.5) を書き直すと

$$\min_{\boldsymbol{x}} \boldsymbol{c}^\top \boldsymbol{x} \tag{4.7}$$

$$\text{s.t.} \quad \boldsymbol{x} \geq \boldsymbol{0}$$

$$\max_{\boldsymbol{a}_i} \left\{ \boldsymbol{a}_i^\top \boldsymbol{x} \mid \boldsymbol{D}_i \boldsymbol{a}_i \leq \boldsymbol{d}_i \right\} \leq b_i, \ i = 1, \ldots, m \tag{4.8}$$

となる．

ここで，制約式 (4.8) の左辺の最大化問題を，その双対問題で置き換えることを考える．双対変数を $\boldsymbol{\lambda}_i \in \mathbb{R}^k$ とすると，問題 (4.7) は

$$\begin{aligned} &\min_{\boldsymbol{x}} \boldsymbol{c}^\top \boldsymbol{x} && (4.9)\\ &\text{s.t.} \quad \boldsymbol{x} \geq \boldsymbol{0} \\ &\qquad \min_{\boldsymbol{\lambda}_i} \left\{ \boldsymbol{\lambda}_i^\top \boldsymbol{d}_i \mid \boldsymbol{\lambda}_i^\top \boldsymbol{D}_i = \boldsymbol{x}^\top, \boldsymbol{\lambda}_i \geq \boldsymbol{0} \right\} \leq b_i, \ i = 1, \ldots, m && (4.10) \end{aligned}$$

と書き直せる．

さらに，問題 (4.9) を整理すると

$$\begin{aligned} \min_{\boldsymbol{x}, \boldsymbol{\lambda}_1, \ldots, \boldsymbol{\lambda}_m} \quad & \boldsymbol{c}^\top \boldsymbol{x} && (4.11)\\ \text{s.t.} \quad & \boldsymbol{x} \geq \boldsymbol{0} \\ & \boldsymbol{\lambda}_i^\top \boldsymbol{d}_i \leq b_i, \ i = 1, \ldots, m \\ & \boldsymbol{\lambda}_i^\top \boldsymbol{D}_i = \boldsymbol{x}^\top, \ i = 1, \ldots, m \\ & \boldsymbol{\lambda}_i \geq \boldsymbol{0}, \ i = 1, \ldots, m \end{aligned}$$

と表すことができる．問題 (4.11) の最適解は，問題 (4.9) において実行可能であり，両者の目的関数の最適値は等しい．

多面体の不確実性集合を想定する場合，ロバスト線形最適化の問題を通常の線形計画問題として効率的に解ける可能性がある．ただし，不確実性集合の次元が大きくなると，計算の負荷が大きくなりうることに注意を要する．

4.1.3 楕円体の不確実性集合

次に，**楕円体の不確実性集合** (ellipsoidal uncertainty set) を定義する．不確実性のないパラメータ $\boldsymbol{F}_i \in \mathbb{R}^{n \times n}$ と $\bar{\boldsymbol{a}}_i \in \mathbb{R}^n$ を用いて，$\boldsymbol{a}_i$ のとりうる値を示す不確実性集合を

$$\mathcal{U}_i = \left\{ \bar{\boldsymbol{a}}_i + \boldsymbol{F}_i \boldsymbol{u} \mid \|\boldsymbol{u}\|_2 \leq 1 \right\} \tag{4.12}$$

と表す．ここで，$\|\cdot\|_2$ は**ユークリッドノルム** (Euclidean norm) を意味し，$\boldsymbol{u} \in \mathbb{R}^n$ に対して $\|\boldsymbol{u}\|_2 = (\boldsymbol{u}^\top \boldsymbol{u})^{1/2}$ である．したがって，$\boldsymbol{a}_i = \bar{\boldsymbol{a}}_i + \boldsymbol{F}_i \boldsymbol{u}$ は $\bar{\boldsymbol{a}}_i$ を中心とする**楕円体** (ellipsoid) となる．

前項と同じくロバスト線形最適化を前提として，楕円体の不確実性集合 $\mathcal{U}_i$ のもとで次の問題を解きたい．

$$
\begin{aligned}
&\min_{\boldsymbol{x}} \boldsymbol{c}^\top \boldsymbol{x} && (4.13)\\
&\text{s.t.} \quad \boldsymbol{x} \geq \boldsymbol{0} &&\\
&\qquad \max_{\boldsymbol{a}_i}\left\{\boldsymbol{a}_i^\top \boldsymbol{x} \mid \boldsymbol{a}_i \in \mathcal{U}_i\right\} \leq b_i,\ i = 1, \ldots, m && (4.14)
\end{aligned}
$$

上記の制約式 (4.14) の左辺は，以下のように書き直せる．

$$
\begin{aligned}
\max_{\boldsymbol{a}_i}\left\{\boldsymbol{a}_i^\top \boldsymbol{x} \mid \boldsymbol{a}_i \in \mathcal{U}_i\right\} &= \max_{\boldsymbol{u}}\left\{\bar{\boldsymbol{a}}_i^\top \boldsymbol{x} + \boldsymbol{u}^\top \boldsymbol{F}_i^\top \boldsymbol{x} \mid \|\boldsymbol{u}\|_2 \leq 1\right\}\\
&= \bar{\boldsymbol{a}}_i^\top \boldsymbol{x} + \max_{\boldsymbol{u}}\left\{\boldsymbol{u}^\top \boldsymbol{F}_i^\top \boldsymbol{x} \mid \|\boldsymbol{u}\|_2 \leq 1\right\} \qquad (4.15)
\end{aligned}
$$

ここで

$$
\begin{aligned}
\boldsymbol{u}^\top \boldsymbol{F}_i^\top \boldsymbol{x} &\leq \|\boldsymbol{u}\|_2 \|\boldsymbol{F}_i^\top \boldsymbol{x}\|_2\\
&\leq \|\boldsymbol{F}_i^\top \boldsymbol{x}\|_2
\end{aligned}
$$

が成り立つ．最初の不等号は Cauchy-Schwartz の不等式による．2 番目の不等号は $\|\boldsymbol{u}\|_2 \leq 1$ による．そこで，$\max_{\boldsymbol{u}} \boldsymbol{u}^\top \boldsymbol{F}_i^\top \boldsymbol{x} = \|\boldsymbol{F}_i^\top \boldsymbol{x}\|_2$ となることから，式 (4.15) はさらに

$$
\max_{\boldsymbol{a}_i}\left\{\boldsymbol{a}_i^\top \boldsymbol{x} \mid \boldsymbol{a}_i \in \mathcal{U}_i\right\} = \bar{\boldsymbol{a}}_i^\top \boldsymbol{x} + \|\boldsymbol{F}_i^\top \boldsymbol{x}\|_2 \qquad (4.16)
$$

と表せる．

結局，楕円体の不確実性集合 $\mathcal{U}_i$ を仮定する問題 (4.13) は，次のように表現される．

$$
\begin{aligned}
&\min_{\boldsymbol{x}} \boldsymbol{c}^\top \boldsymbol{x} && (4.17)\\
&\text{s.t.} \quad \boldsymbol{x} \geq \boldsymbol{0} &&\\
&\qquad \bar{\boldsymbol{a}}_i^\top \boldsymbol{x} + \|\boldsymbol{F}_i^\top \boldsymbol{x}\|_2 \leq b_i,\ i = 1, \ldots, m && (4.18)
\end{aligned}
$$

制約式 (4.18) は，**2 次錐制約** (second-order cone constraint) とよばれ，問題 (4.17) は **2 次錐計画問題** (second-order cone programming problem: SOCP) に分類できる．

以上のように，楕円体の不確実性集合を想定すると，ロバスト線形最適化の

問題は2次錐計画問題に帰着する．2次錐計画問題は凸計画問題の1種であり，**主双対内点法** (primal-dual interior-point method) などのアルゴリズムを用いて効率的に解ける可能性がある．

4.2 適応的ロバスト最適化

4.2.1 リコースのある2段階の問題

ロバスト最適化でもリコースのある問題を考えることができる．このような問題は，**適応的ロバスト最適化** (adaptive robust optimization, adjustable robust optimization) とよばれている．不確実なパラメータ $\boldsymbol{u}_i \in \mathbb{R}^l$ が実現するより前に $\boldsymbol{x} \in \mathbb{R}^{n1}$ を決めなければならない．他方，$\boldsymbol{u}_i$ の特定の値が実現した後に，リコースに関して $\boldsymbol{y} \in \mathbb{R}^{n2}$ を選択することができる．

2段階の問題を考えると，適応的ロバスト最適化は以下のように表現できる．

$$\begin{aligned} \min_{\boldsymbol{x}} \ & f_0(\boldsymbol{x}) + \mathcal{Q}(\boldsymbol{x}) \\ \text{s.t.} \quad & \boldsymbol{x} \geq \boldsymbol{0} \\ & f_j(\boldsymbol{x}) \leq 0, \ j = 1, \ldots, s \end{aligned} \tag{4.19}$$

ただし，ここで $\mathcal{Q}(\boldsymbol{x})$ は

$$\mathcal{Q}(\boldsymbol{x}) = \max_{\boldsymbol{u}_1 \in \mathcal{U}_1, \ldots, \boldsymbol{u}_m \in \mathcal{U}_m} \min_{\boldsymbol{y}} \{ g_0(\boldsymbol{y}) \mid g_i(\boldsymbol{x}, \boldsymbol{y}, \boldsymbol{u}_i) \leq 0, \ i = 1, \ldots, m \} \tag{4.20}$$

である．問題 (4.20) の最小化の部分は，ある $\boldsymbol{x}$ と $\boldsymbol{u}_i$ のもとで，制約式 $g_i(\boldsymbol{x}, \boldsymbol{y}, \boldsymbol{u}_i) \leq 0$ を満たしながら $g_0(\boldsymbol{y})$ が最小となるように $\boldsymbol{y}$ を決める．問題 (4.20) の最大化の部分は，最悪なケースが起きる状況を表現している．そして，問題 (4.19) では，このような最悪なケースが起きる状況も想定して，全体の目的関数 $f_0(\boldsymbol{x}) + \mathcal{Q}(\boldsymbol{x})$ を最小化するように，事前に $\boldsymbol{x}$ を決める．

適応的ロバスト最適化の問題は，一般に解くのが困難であることが知られているが，実用上の観点からいくつかの手法が提案されている．そのうちの1つは，2段階目の変数 $\boldsymbol{y}$ が，不確実なパラメータ $\boldsymbol{u}_i$ の**アフィン関数** (affine function) で表現できると仮定する方法である．Ben-Tal et al. (2009) は，アフィン関

数の意思決定ルールを用いて，適応的ロバスト最適化問題を半正定値計画問題 (semidefinite programming problem: SDP) として定式化する方法を解説している．他にも，問題 (4.20) の最小化の部分が凸計画問題である場合には，その双対問題で置き換えることが考えられる．それにより，問題 (4.20) は 1 本の最大化問題として表すことができる．すると，問題 (4.19) は全体として Min-Max 問題として表され，これに対して Benders の分解などを適用して解くことを試みる．Conejo et al. (2016) は，電力の送電設備への投資問題に関して，このような解法の実例を示している．

4.2.2 数 値 例

本項では，2 段階の適応的ロバスト最適化問題の簡単な数値例を示す．そして，2 段階確率計画問題として解いたときの結果と比較する．この数値例の主眼は，解法ではなく，ロバスト最適化問題と確率計画問題の意思決定の仕方とその結果の違いを理解することにある．

電力の送電設備への投資に関するごく簡単な例を考えてみよう．一般に，送電線建設は長い年月を要する長期の問題であり，一方，発電所の出力の調整は短期のオペレーションの問題とみなされる [*2)]．そこで，以下のような意思決定の流れを考える．

- まず，長期の観点から送電線建設の意思決定を行う．
- 不確実性のある電力需要の特定の値が実現する．
- 送電容量と電力需要量を所与として，短期の観点から発電所の発電量調整の意思決定を行う (リコース).

具体的には図 4.1 に示すように，東西 2 地域があり，その間を結ぶ送電線を建設したいとする．投資には 2 つの選択肢があり，送電容量 (送電上限) を $t_1 = 100$ にするか $t_2 = 200$ にするか，いずれかを決める．送電線の固定費用 (資本費) は，それぞれ $c_1 = 500$，$c_2 = 1000$ かかるものとする．投資に関する意思決定の変数を，0-1 の整数変数 $x_1, x_2 \in \{0, 1\}$ で表し，$x_1 = 1$，$x_2 = 0$ なら容量が $t_1 = 100$ の送電線を建設し，$x_1 = 0$，$x_2 = 1$ なら容量が $t_2 = 200$ の

---

*2) ここでは，発電設備への投資の問題は捨象している．

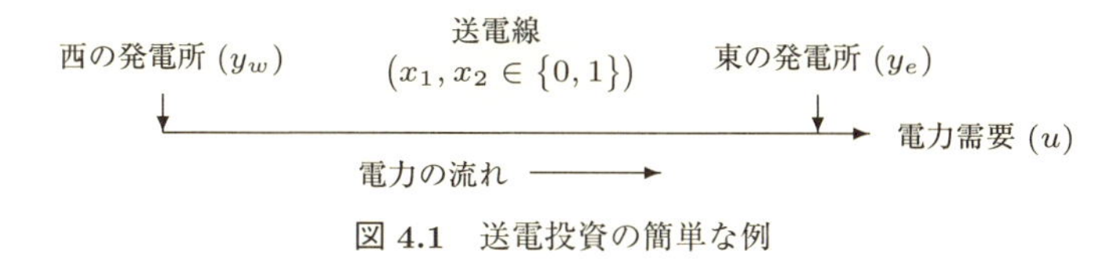

図 4.1 送電投資の簡単な例

送電線を建設する．投資の選択はいずれか 1 つなので，$x_1 + x_2 = 1$ が常に成り立たなければならない．

需要については，東の地域 e のみが消費地で電力需要があり，西の地域 w には発電所が立地するのみで電力需要はないものとする．東部の電力需要量 u は不確実で，そのとりうる値を表す不確実性集合は単純に $\mathcal{U} = \{100, 200, 300\}$ とする．送電線投資の意思決定はずっと以前に行われ，その後，実際の電力需要量が実現する．

発電については，西の地域 w と東の地域 e にそれぞれ 1 つずつ発電所があり，西部に立地する発電所の方が相対的に発電単価が安いものとする．西と東で，発電単価はそれぞれ $q_w = 2$，$q_e = 10$，発電容量 (発電上限) は同じで $g_w = g_e = 200$ とする．送電容量の決定が行われた後，電力需要量が実現すると，続いて実際の発電量 y_w, y_e に関する意思決定が行われる．東西の 2 つの発電所の合計発電量が需要量に一致する必要があるので，$y_w + y_e = u$ が満たされなければならない．また，西部の発電所が発電した分の y_w は，すべて送電線を使って東部の消費地に送られる．このとき，送ることができる量は送電容量を超えることができないので，$y_w \leq t_1 x_1 + t_2 x_2$ が満たされなければならない．

以上の設定のもとで，2 段階の適応的ロバスト最適化問題は，次のように定式化できる．

$$
\begin{aligned}
\min_{\boldsymbol{x}} \ & c_1 x_1 + c_2 x_2 + \mathcal{Q}(\boldsymbol{x}) \\
\text{s.t.} \quad & x_1, x_2 \in \{0, 1\} \\
& x_1 + x_2 = 1
\end{aligned}
\tag{4.21}
$$

ただし，ここで $\mathcal{Q}(\boldsymbol{x})$ は

$$\mathscr{Q}(\boldsymbol{x}) = \max_{u \in \mathcal{U}} \min_{\boldsymbol{y}} \left\{ q_w y_w + q_e y_e \;\middle|\; \begin{array}{l} y_w + y_e = u \\ y_w \leq t_1 x_1 + t_2 x_2 \\ 0 \leq y_w \leq g_w \\ 0 \leq y_e \leq g_e \end{array} \right\} \tag{4.22}$$

である．問題 (4.22) の最小化の部分では，送電容量と電力需要量を所与とし，先述の各制約のもとで，短期の発電費用 $q_w y_w + q_e y_e$ を最も小さくしたい．問題 (4.22) の最大化の部分では，不確実な電力需要のもとで，最悪ケースとして発電費用が最大となる事態を想定する．そして，問題 (4.21) は，送電線の長期的な固定費用 $c_1 x_1 + c_2 x_2$ と最悪ケースの発電費用を合わせて，全体として費用最小化を行いたい．

実際に各パラメータの数値を入れて定式化すると以下となる．

$$\begin{aligned} \min_{\boldsymbol{x}} \; & 500x_1 + 1000x_2 + \mathscr{Q}(\boldsymbol{x}) \\ \text{s.t.} \quad & x_1, x_2 \in \{0, 1\} \\ & x_1 + x_2 = 1 \end{aligned} \tag{4.23}$$

ただし，ここで

$$\mathscr{Q}(\boldsymbol{x}) = \max_{u \in \{100, 200, 300\}} \min_{\boldsymbol{y}} \left\{ 2y_w + 10y_e \;\middle|\; \begin{array}{l} y_w + y_e = u \\ y_w \leq 100x_1 + 200x_2 \\ 0 \leq y_w \leq 200 \\ 0 \leq y_e \leq 200 \end{array} \right\} \tag{4.24}$$

である．

適応的ロバスト最適化の意思決定の仕方を理解するために，ここでは起こりうるすべての状況を描写してみる．表 4.1 は，送電投資に関して，$x_1 = 1$，$x_2 = 0$，すなわち送電容量 $t_1 = 100$ を選択した場合を示している．発電費用を低く抑えるためには，実現する需要量に対して，発電単価のより安い西部の発電所からなるべく多く供給したい．ただし，すでに決定済の送電容量 $t_1 = 100$ までしか，西から東に電力を送ることができない．表が示すように，実現する需要量が 100 であれば，割高な東部の発電所を稼働せず，割安な西部の発電所だけで

表 4.1　送電容量 $t_1 = 100$ を選択した場合 $(x_1 = 1,\ x_2 = 0)$

需要量 (u)	発電量 (y_w)	発電量 (y_e)	発電費用	送電固定費	合計費用
100	100	0	200	500	700
200	100	100	1200	500	1700
300	100	200	2200	500	2700

供給できる．しかし，実現する需要量が 200, 300 になると，割高な東部の発電所も稼働しなければならない．つまり，送電容量 $t_1 = 100$ を選択した場合には，送電線の固定費用は 500 で相対的に安いが，多めの需要量が実現したときには発電費用が相対的に高くなる．

表 4.2 は，送電投資に関して，$x_1 = 0$，$x_2 = 1$，すなわち送電容量 $t_2 = 200$ を選択した場合を示す．この場合には，西から東に $t_2 = 200$ まで電力を送ることができる．表が示すように，実現する需要量が 200 までは，割高な東部の発電所を稼働せず，割安な西部の発電所だけで供給できる．実現する需要量が 300 になってはじめて，割高な東部の発電所を稼働する．つまり，送電容量 $t_2 = 200$ を選択した場合には，送電線の固定費用は 1000 で相対的に高いが，多めの需要量が実現したときでも発電費用は相対的に低く抑えられる．

それでは，適応的ロバスト最適化の観点からは，$t_1 = 100$ と $t_2 = 200$ のどちらの送電容量を選択したらよいだろうか? 表 4.1 で，最悪ケースとして発電費用が最大となるのは，需要量 300 が実現する場合である．このとき，発電費用 2200 と送電線の固定費用 500 とを合わせて，合計費用は 2700 となる．他方，表 4.2 でも，需要量 300 が実現する場合に最悪ケースとして発電費用が最大となる．このとき，発電費用 1400 と送電線の固定費用 1000 とを合わせて，合計費用は 2400 となる．最悪ケースを想定して，合計費用を最小化したいので，$x_1 = 0$，$x_2 = 1$，すなわち送電容量 $t_2 = 200$ を選択するのが最適である．これが，2 段階の適応的ロバスト最適化問題 (4.23)，(4.24) の最適解である．

表 4.2　送電容量 $t_2 = 200$ を選択した場合 $(x_1 = 0,\ x_2 = 1)$

需要量 (u)	発電量 (y_w)	発電量 (y_e)	発電費用	送電固定費	合計費用
100	100	0	200	1000	1200
200	200	0	400	1000	1400
300	200	100	1400	1000	2400

次に，送電投資の問題を2段階確率計画問題として解いてみよう．ロバスト最適化と異なり，確率計画問題では，不確実な電力需要は確率変数として表される．第1章の表記を用いて，需要量を離散分布にしたがう確率変数 $\tilde{\xi}$ で表し，p^k の確率で ξ^k が実現するものとする．需要量のシナリオ $\{\xi^1, \xi^2, \xi^3\} = \{100, 200, 300\}$ が実現する確率は，それぞれ $\{\frac{1}{2}, \frac{1}{4}, \frac{1}{4}\}$ とする．ここでは，低位の需要量 $\xi^1 = 100$ が実現する確率が 50% と仮定している．

2段階確率計画問題は以下のように定式化できる．

$$\begin{aligned}
\min_{\boldsymbol{x}}\ & 500x_1 + 1000x_2 + \mathscr{Q}(\boldsymbol{x}) \\
\text{s.t.}\quad & x_1, x_2 \in \{0, 1\} \\
& x_1 + x_2 = 1
\end{aligned} \tag{4.25}$$

ただし，ここで $\mathscr{Q}(\boldsymbol{x})$ は

$$\mathscr{Q}(\boldsymbol{x}) = \mathbb{E}\big[Q(\boldsymbol{x}, \tilde{\xi})\big] = \sum_{k=1}^{3} p^k Q(\boldsymbol{x}, \xi^k) \tag{4.26}$$

$$\begin{aligned}
Q(\boldsymbol{x}, \xi^k) = \min_{\boldsymbol{y}(\xi^k)}\ & 2y_w(\xi^k) + 10y_e(\xi^k) \\
\text{s.t.}\quad & y_w(\xi^k) + y_e(\xi^k) = \xi^k \\
& y_w(\xi^k) \leq 100x_1 + 200x_2 \\
& 0 \leq y_w(\xi^k) \leq 200 \\
& 0 \leq y_e(\xi^k) \leq 200
\end{aligned}$$

である．

第1章と同様に，1段階目と2段階目の問題全体を整理すると，以下の最小化問題として定式化できる．

$$\begin{aligned}
\min_{\boldsymbol{x}, \boldsymbol{y}(\xi^1), \boldsymbol{y}(\xi^2), \boldsymbol{y}(\xi^3)}\ & 500x_1 + 1000x_2 + \sum_{k=1}^{3} p^k \big(2y_w(\xi^k) + 10y_e(\xi^k)\big) \\
\text{s.t.}\quad & x_1, x_2 \in \{0, 1\} \\
& x_1 + x_2 = 1 \\
& y_w(\xi^k) + y_e(\xi^k) = \xi^k,\ k = 1, 2, 3
\end{aligned} \tag{4.27}$$

$$y_w(\xi^k) \leq 100x_1 + 200x_2,\ k = 1, 2, 3$$

$$0 \leq y_w(\xi^k) \leq 200,\ k = 1, 2, 3$$

$$0 \leq y_e(\xi^k) \leq 200,\ k = 1, 2, 3$$

この問題は整数変数を含むので，混合整数線形計画問題であり，CPLEX などの汎用ソルバーを用いて解くことができる．ただし，本数値例では起こりうるすべての状況を表 4.1 と表 4.2 にすでに示してあるので，最適解を容易に確認できる．$x_1 = 1$，$x_2 = 0$，すなわち送電容量 $t_1 = 100$ を選択した場合には，発電費用の期待値は $\frac{1}{2} \times 200 + \frac{1}{4} \times 1200 + \frac{1}{4} \times 2200 = 950$ となり，送電線の固定費用 500 とを合わせて，合計費用は 1450 となる．他方，$x_1 = 0$，$x_2 = 1$，すなわち送電容量 $t_2 = 200$ を選択した場合には，発電費用の期待値は $\frac{1}{2} \times 200 + \frac{1}{4} \times 400 + \frac{1}{4} \times 1400 = 550$ となり，送電線の固定費用 1000 とを合わせて，合計費用は 1550 となる．確率計画法では，平均的な意味で合計費用を最小化したいので，$x_1 = 1$，$x_2 = 0$，すなわち送電容量 $t_1 = 100$ を選択するのが最適である．これが，2 段階確率計画問題 (4.25)，(4.26) の最適解である．

以上，本数値例では，ロバスト最適化と確率計画法とで，異なる最適解が得られた．ロバスト最適化では，高位の需要量 300 が実現するという最悪ケースを想定して，送電容量 $t_2 = 200$ を選択した．他方，確率計画法では，需要量を確率変数と捉えて，平均的な意味で合計費用を最小化する送電容量 $t_1 = 100$ を選択した．この結果は，低位の需要量 100 が実現する確率がより高いという仮定に依存している．もし，高位の需要量 300 が実現する確率がより高いと仮定する場合には，確率計画法においても，送電容量 $t_2 = 200$ を選択するのが最適となりうる．

演　習　問　題

問題 4.1　4.2.2 項の数値例で，送電投資の選択肢と発電所の発電単価を少し変えてみる．送電投資の選択肢を 1 つ加え，送電容量を $t_1 = 100$，$t_2 = 150$，$t_3 = 200$ のいずれにするか決めるものとする．送電線の固定費用は，それぞれ $c_1 = 500$，$c_2 = 750$，$c_3 = 1000$ かかる．投資に関する意思決定の変数は，0-1

の整数変数 $x_1, x_2, x_3 \in \{0, 1\}$ で表す．発電所の発電単価は $q_w = 4$，$q_e = 8$ とする．ここでは，東西の発電単価の差がより小さいと仮定している．起こりうるすべての状況を描写し，2 段階の適応的ロバスト最適化問題の最適解を求めよ．

問題 4.2　問題 4.1 で，需要量のシナリオ $\{\xi^1, \xi^2, \xi^3\} = \{100, 200, 300\}$ が実現する確率は，それぞれ $\{\frac{1}{4}, \frac{1}{2}, \frac{1}{4}\}$ とする．ここでは，中位の需要量 $\xi^2 = 200$ が実現する確率が 50% と仮定している．送電投資の問題を 2 段階確率計画問題と考えて最適解を求めよ．

CHAPTER

5 リアルオプション

5.1 リアルオプションとは

今この時点でやってしまうべきか? それとも，もう少し待って様子を見てからやるべきか? といった状況は，誰でも経験したことがあるのではないだろうか．進路，海外旅行，結婚，車やマイホームの購入，退職と，人それぞれ，色々な場面で遭遇していることが考えられる．これらのほとんどは，将来が不確実であり，どのような状況になるかわからず，現時点の状況と将来時点において情報を得たときの状況を比較していることが考えられる．このような意思決定を定量的に分析する考え方や枠組みを与えたものがリアルオプションである．

ここでは，まずリアルオプションの簡単な例として，以下のようなアルバイトを決定する問題を考えてみよう．現在，居酒屋 A 店で時給 800 円のアルバイトをしている．一日 5 時間，週 2 回働くときの月給 (4 週換算) は，$800 \times 5 \times 2 \times 4 = 32000$ 円となる．アルバイト雑誌で，同じような居酒屋の他店である B 店のバイト情報を調べたところ，時給 1000 円になっていることがわかった．このとき，上と同じ条件での月給は，$1000 \times 5 \times 2 \times 4 = 40000$ 円となる．すなわち，現時点において，アルバイト場所を A 店から B 店に変えるときの利益は，$40000 - 32000 = 8000$ 円となる．この B 店は，過去のアルバイト雑誌の情報によると時給の額が，毎月変動する傾向にあることがわかり，1 カ月後，時給が 1300 円に上がる可能性と 700 円に下がる可能性があることがわかった．それぞれの状況での利益を計算すると，時給が 1300 円に上がったときは，$52000 - 32000 = 20000$ 円となり，700 円に下がったときは，$28000 - 32000 = -4000$ 円となる．時給

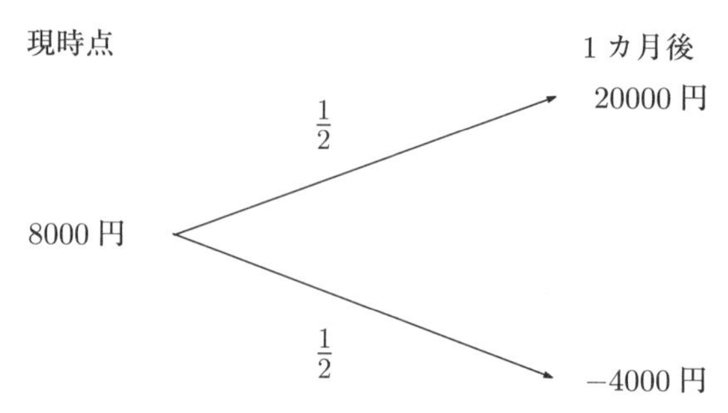

図 5.1 居酒屋 B 店に変更するときの利益

が上下する確率が，それぞれ $\frac{1}{2}$ であるとき，利益の状況は図 5.1 のようになる．一般的に，アルバイトを続けることは義務ではなく，権利であることから，B 店の時給が 700 円に下がったときは，A 店にそのまま残ることを選択する．すなわち，月給は変わらず，そのときの利益は 0 円である．ここで，1 カ月後，B 店の時給が 1300 円に上がったときのみアルバイト先を変更する利益を計算すると [*1)]

$$\frac{1}{2} \times 20000 + \frac{1}{2} \times 0 = 10000$$

となる．すなわち，現時点でアルバイト先を変更するより，1 カ月先まで待って B 店の時給が上がったときのみ変更した方がよいという結果になる．

これが，**リアルオプション理論** (real options theory) [*2)] というもので，金融派生証券の一つであるオプションの契約内容を応用した不確実性下の企業の投資決定理論における基本的な考え方である．投資の意思決定の際に，投資環境の状況を観察し，意思決定主体に対して好ましい状態になったときのみ実施を決定することから，その意思決定は義務ではなく，権利であると考えられる．このように，この概念はオプション取引と類似していることから「リアルオプション」と名付けられた．1990 年代前半から注目され，近年，ファイナンスや経済学のみならず他の分野の研究者も取り組んでいる理論で，実際にエネルギー産業や資源開発プロジェクト，製薬会社などの実務においても活用されて

---

*1) ここでは，割引率を 0 として計算する．

*2) 教科書によっては，「リアルオプションアプローチ」，「リアルオプション分析」，もしくは，単に「リアルオプション」というときもある．特に，共通の定義があるわけではない．

いる理論である．次節では，リアルオプションの例として，実際に投資問題を考えてみよう．

5.2　2時点投資モデルの例

それでは，従来から用いられてきた経済評価手法の一つである**正味現在価値** (net present value: NPV) による評価手法を用いて，投資のタイミングに関する問題を例にリアルオプション理論を見ていこう．まず，図 5.2 のような $t=0$ と $t=1$ の 2 時点のいずれかで投資の意思決定をするような問題を考える．ある企業が，商品を生産するための工場を設置する検討をしている．工場を設置することにより商品が生産され，その事業に対して毎期のキャッシュフローが発生する．その製品の需要は不確実であり，それに伴うキャッシュフローも同様に不確実性が存在する．現時点 ($t=0$) でのキャッシュフローは 100 万円/年であり，1 年後のキャッシュフローは $\frac{1}{2}$ の確率で 150 万円/年に上昇し，また，$\frac{1}{2}$ の確率で 50 万円/年に下落すると予想されている．2 年後以降は，それぞれ同じ状況が続き，いつまでもキャッシュフローが得られるものと仮定する．また，工場は即時に設置されるものとし，その費用は 800 万円である．本問題の割引率を 10%とする．現時点で工場を設置する投資を実施したときの正味現在価値は

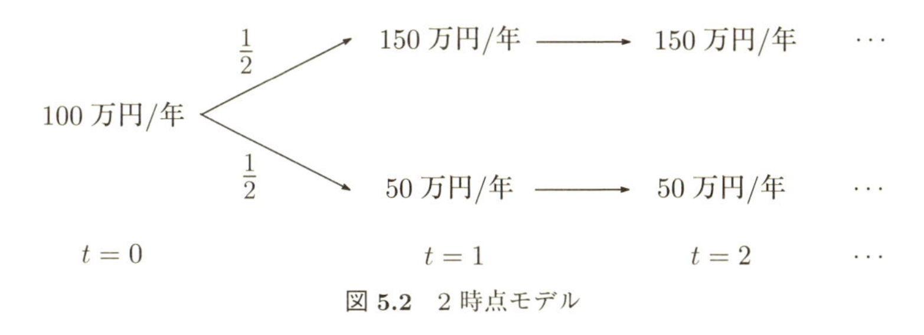

図 5.2　2 時点モデル

$$
\begin{aligned}
&-800+100+\left(\frac{1}{2}\times\sum_{t=1}^{\infty}\frac{150}{(1+0.1)^t}+\frac{1}{2}\times\sum_{t=1}^{\infty}\frac{50}{(1+0.1)^t}\right)\\
&=-800+\sum_{t=0}^{\infty}\frac{100}{(1+0.1)^t}=-800+\frac{100\times(1+0.1)}{0.1} \qquad (5.1)\\
&=300
\end{aligned}
$$

となる．すなわち，現時点において投資意思決定の判断を行う場合，上の状況では正の値を示していることから，投資実施の判断をするということになる．

次に，投資の実施時点を現時点と $t=1$ の時点で選択可能な状況を考える．キャッシュフローが 150 万円/年に上昇したときの正味現在価値は

$$
-\frac{800}{1+0.1}+\sum_{t=1}^{\infty}\frac{150}{(1+0.1)^t}\simeq 773 \qquad (5.2)
$$

となる．一方，キャッシュフローが 50 万円/年に下降したときの正味現在価値は

$$
-\frac{800}{1+0.1}+\sum_{t=1}^{\infty}\frac{50}{(1+0.1)^t}\simeq -227 \qquad (5.3)
$$

となり，負の値となることから，この場合，投資は実施しないと判断をすることになる．すなわち，正味現在価値は 0 となる．以上より，投資時点を $t=1$ 時点に延期したときの期待正味現在価値は式 (5.2)，式 (5.3) より

$$
\frac{1}{2}\times 773+\frac{1}{2}\times 0\simeq 386 \qquad (5.4)
$$

となる．式 (5.1) と式 (5.4) を比較すると，式 (5.4) の値の方が高いことがわかる．すなわち，この結果から，投資を現時点で実施するより，$t=1$ 時点まで実施を延期した方が経済的に好ましいと判断できる．式 (5.1) と式 (5.4) の値の差である $386-300=86$ 万円が，意思決定の延期に関する柔軟性の価値，もしくはオプション価値である．投資時点の選択をすることができず現時点のみにおいて投資を実施しなければいけない意思決定者が，ある額を支払って，上記のような投資時点の選択が可能である商品を購入したとき，86 万円以下であれば喜んで支払うことが考えられる．すなわち，この 86 万円は，本問題の支払意志額とみなすことができる．

5.3 動的計画法

本節では，前節の 2 時点モデルを一般化する．図 5.3 のように，現時点のキャッシュフローを X とすると，$t=1$ 時点以降において，キャッシュフローは確率 p で $uX(u \geq 1)$ に上昇し，確率 $1-p$ で $dX(0 \leq d < 1)$ に下落するものとする．投資費用は I で，割引率は ρ とする．このとき，現時点からのキャッシュフローの総和の期待値は

$$\begin{aligned} V_0 &= X + p\sum_{t=1}^{\infty}\frac{uX}{(1+\rho)^t} + (1-p)\sum_{t=1}^{\infty}\frac{dX}{(1+\rho)^t} \\ &= X + p\frac{uX}{\rho} + (1-p)\frac{dX}{\rho} \\ &= \frac{X}{\rho}(\rho + (u-d)p + d) \end{aligned} \tag{5.5}$$

となる．期待正味現在価値 $V_0 - I$ が正であれば投資を実行し，負であれば投資は実行せず，その価値は 0 となる．このときの状況は以下の式で表すことができる．

$$\max(V_0 - I,\ 0)$$

次に，前節のように，投資時点を選択できる状況を考える．$t=1$ 時点において，企業が受け取る正味価値の期待値は

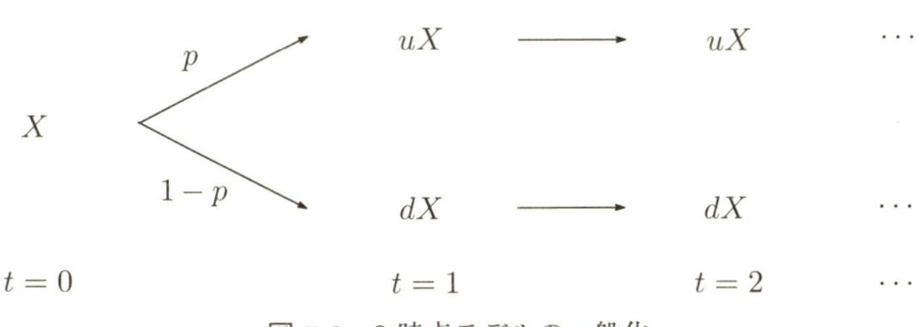

図 5.3　2 時点モデルの一般化

$$
\begin{aligned}
\mathbb{E}[F_1] &= \mathbb{E}\left[\max\left(V_1 - I,\ 0\right)\right] \\
&= p\max\left(\sum_{t=0}^{\infty}\frac{uX}{(1+\rho)^t} - I,\ 0\right) + (1-p)\max\left(\sum_{t=0}^{\infty}\frac{dX}{(1+\rho)^t} - I,\ 0\right) \\
&= p\max\left(\frac{(1+\rho)uX}{\rho} - I,\ 0\right) + (1-p)\max\left(\frac{(1+\rho)dX}{\rho} - I,\ 0\right)
\end{aligned}
\tag{5.6}
$$

となる．以上より，現時点と $t=1$ 時点との投資意思決定に関する選択は，$V_0 - I$ と式 (5.6) の現在価値との比較となる．すなわち，この投資プロジェクトの正味現在価値は

$$
F_0 = \max\left(V_0 - I,\ \frac{1}{1+\rho}\mathbb{E}[F_1]\right) \tag{5.7}
$$

となる．この式を **Belleman 方程式**という．この 2 時点の問題は，N 時点に拡張することが可能であり，すなわち，$\mathbb{E}[F_N]$ から，F_{N-1} が計算され，これを時間と逆方向に繰り返し計算することで，0 時点の価値を算出することができる．この一連の計算手法を**動的計画法** (dynamic programming) とよぶ．また，本問題は，投資を延期するという状態を継続させ，ある時点において，その状態を停止する (投資を実施する) という**最適停止問題** (optimal stopping problem) としてみることができる．このとき，式 (5.6) の $\frac{1}{1+\rho}\mathbb{E}[F_1]$ は**継続価値** (continuation value)，$V_0 - I$ は**最終価値**，もしくは**残存価値** (termination value) とよぶ．

5.4 2 時点モデルの応用

5.4.1 初期キャッシュフローの影響

投資意思決定問題で考える確率変数の現時点の値 (初期値) によって，その意思決定は変わるものである．すなわち，現時点の潜在的なキャッシュフローが比較的高い状態であれば，即座に投資を実施する可能性がある一方，キャッシュフローが低い状況であれば，投資を延期して，将来，高い状態になってから実施することが考えられる．この状況を考えるために，前節のモデルのキャッシュフローの初期値 X 以外は 5.2 節におけるモデルのパラメータ値を用いる．

すなわち，投資費用 I は 800 万円，キャッシュフローの上昇率 u，下降率 d は，それぞれ 1.5，0.5 である．このときのそれぞれの確率は 0.5 である．割引率は 10%とする．このときの期待正味現在価値 $V_0 - I$ は

$$\begin{aligned} V_0 - I &= \frac{X}{\rho}(\rho + (u-d)p + d) - I \\ &= \frac{X}{0.1}(0.1 + (1.5 - 0.5)0.5 + 0.5) - 800 \\ &= 11X - 800 \end{aligned} \tag{5.8}$$

となる．現時点において投資の意思決定を行う場合は，式 (5.8) より，X が 72.73 万円/年以上であれば投資実施と判断する．この値を，投資の臨界値 (critical value)，もしくは，閾値 (threshold value) とよぶ [*3)]．キャッシュフローが下降したときの正味価値は

$$\frac{(1+\rho)dX}{\rho} - I = 5.5X - 800 \tag{5.9}$$

となり，式 (5.9) が 0 以上であるためには，X が 145.5 万円/年以上である必要がある．式 (5.8) と比較すると，即座に投資を実施するときの閾値の方が低い値である (式 (5.9) がそのとき負の値である) ことから，X が 145.5 万円/年以上のときは，現時点で投資を実施することが最適となる．これより，現時点と $t = 1$ 時点との投資時点の選択を考える場合，キャッシュフローが下降したとき投資は実施しないと判断する．$t = 1$ 時点においてキャッシュフローが uX へ上昇したときのみ投資を実施するときの正味現在価値は

$$p\left(\frac{uX}{\rho} - \frac{I}{1+\rho}\right) = 7.5X - \frac{4000}{11}$$

となる．以上より，投資プロジェクトの正味現在価値は

$$\max\left(0,\ 7.5X - \frac{4000}{11},\ 11X - 800\right) \tag{5.10}$$

となる．図 5.4 のとおり，3 つの領域が存在することがわかる．すなわち，$X < 44.48$ 万円/年のときは投資を実施せず，44.48 万円/年 $\leq X < 124.7$ 万円/年のときは $t = 1$ 時点でキャッシュフローが上昇したときのみ投資を実施

---

*3) 本書では，これ以降，投資意思決定の水準値として「閾値」を用いる．

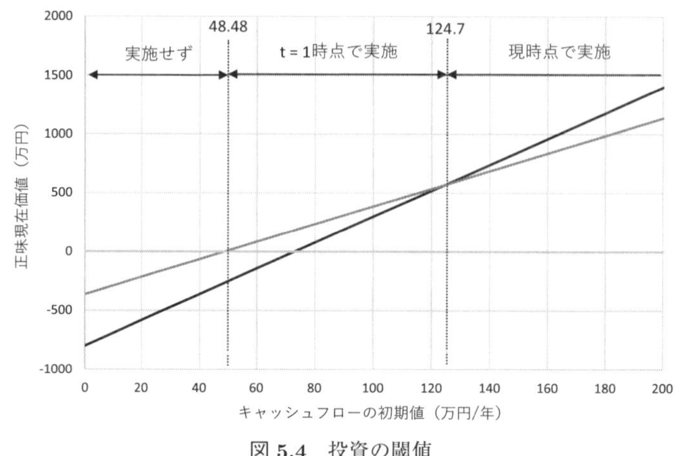

図 5.4　投資の閾値

し，$X \geq 124.7$ 万円/年のときは現時点で投資を実施することが最適であることを表している．このときの閾値，すなわち，現時点での投資実施と $t = 1$ 時点での実施の損益分岐点は，$X^* = 124.7$ 万円/年となる．

5.4.2　投資の閾値

上記の投資の閾値 X^* を前節のモデルを用いて一般化してみよう．現時点において，投資の意思決定を行うときの期待正味現在価値は

$$\frac{X}{\rho}(\rho + (u-d)p + d) - I \tag{5.11}$$

である．一方，$t = 1$ 時点でキャッシュフローが dX に下降したときの正味価値 $\frac{(1+\rho)dX}{\rho} - I$ は負である，もしくは，正であっても $V_0 - I > \frac{1}{1+\rho}\mathbb{E}[F_1]$ を満たすような条件であるとする．このとき，$t = 1$ 時点でキャッシュフローが uX に上昇するときのみ投資を実施することから，その期待正味現在価値は

$$p\left(\frac{uX}{\rho} - \frac{I}{1+\rho}\right) \tag{5.12}$$

となる．式 (5.11) と式 (5.12) が等しくなるときの投資の閾値は

$$X^* = \left(\frac{\rho}{1+\rho}\right)\left(\frac{\rho + (1-p)}{\rho + d(1-p)}\right)I \tag{5.13}$$

となる．式 (5.13) に示されているように，閾値を求めるときの必要な情報とし

て，割引率 ρ と投資費用 I 以外に，キャッシュフローの下降確率 $1-p$ と下降率 d であることがわかる．すなわち，キャッシュフローが上昇するときの情報には依存せず，悪い状況のときの情報だけが反映される．これは，Dixit and Pindyck (1994) において示されている "**Bad News Principle**" である．悪い状況 (bad news) が，投資実施を延期するインセンティブを与えるということを意味している．閾値 X^* は，キャッシュフローの上昇確率 p に関して減少関数である．これは，下降確率に対しては，増加関数であることを意味し，キャッシュフローが将来下降する可能性が高いときは，投資実施を延期するインセンティブが高くなることを表している．また，下降率 d についても同様に，下降率が高い場合は，延期する機会が増加する傾向にあることを表している．

5.4.3　投資プロジェクトの選択

生産設備の大きさ (容量) の決定は，投資の意思決定を考えることと同様，非常に重要な問題となる．例えば，比較的大きな容量のプラントを設置したとしても，大きな投資費用に見合う分のキャッシュフローがなければ，大きな損害を被ることが考えられる一方，小さな容量のプラントの場合でも，予想以上の需要がある場合は，その不足分だけ損をすることが考えられる．すなわち，需要やキャッシュフローのレベルにより，生産設備の大きさを決定することが考えられる．そこで，本節では，投資のタイミングと生産規模の異なる 2 つプロジェクトの選択を同時に決定する問題を考える．

投資費用が 800 万円のプロジェクト A がある一方，プロジェクト B の投資費用は 4000 万円であるが，プロジェクト A の 2 倍のキャッシュフローが見込めることがわかっている．キャッシュフローの上昇率 u，下降率 d は，それぞれ 1.5，0.5，これに対するそれぞれの確率は 0.5，割引率は 10%とする．このとき，現時点で投資を実施するときのプロジェクト A と B それぞれの期待正味現在価値は

$$V_0^A - I_A = 11X - 800$$

$$V_0^B - I_B = 22X - 4000$$

となる．以上より，プロジェクト選択に関する式は

$$\max(0,\ 11X-800,\ 22X-4000) \tag{5.14}$$

となる．式 (5.14) から，$X < 72.72$ 万円/年のときは投資を実施せず，72.72 万円/年 $\leq X < 290.9$ 万円/年のときはプロジェクト A を選択し，$X \geq 290.9$ 万円/年のときはプロジェクト B を選択する結果となる．

次に，$t = 1$ 時点に投資を延期することが可能である状況を考える．プロジェクト A については，5.4.1 項と同様である．プロジェクト B について，現時点で投資を実施するか $t = 1$ 時点でキャッシュフローが上昇したときのみ投資を実施するかの選択に関する正味現在価値は

$$\max\left(0,\ 15X-\frac{20000}{11},\ 22X-4000\right)$$

となり，$X < 121.2$ 万円/年のときは投資を実施せず，121.2 万円/年 $\leq X < 311.7$ 万円/年のときは $t = 1$ 時点でキャッシュフローが上昇したときのみ投資を実施し，$X \geq 311.7$ 万円/年のときは現時点で投資を実施することが最適となる．プロジェクト A において，$t = 1$ 時点でキャッシュフローが上昇したときのみ投資を実施することが最適な X の範囲は，44.48 万円/年 $\leq X < 124.7$ 万円/年であり，この領域においては，プロジェクト A の価値が高いことがわかる．すなわち，以上から，この X の領域においては，$t = 1$ 時点でキャッシュフローが上昇したときプロジェクト A に投資することが選択されるという結果となる．これは，Dixit (1993) における代替プロジェクトの選択に関する議論と同様である．それでは，プロジェクト A と B の損益分岐点 $X = 290.9$ 万円/年付近では，どのような意思決定になるだろうか．Décamps et al. (2006) によれば，この損益分岐点の付近には，将来，キャッシュフローが上昇したときはプロジェクト B に投資を実施し，下降した場合はプロジェクト A に投資をするオプションが存在することが示されている．すなわち，この状況の期待正味現在価値は

$$\frac{1}{2}\left(\frac{1.5\cdot 2X}{0.1}-\frac{4000}{1.1}\right)+\frac{1}{2}\left(\frac{0.5\cdot X}{0.1}-\frac{800}{1.1}\right)=17.5X-\frac{24000}{11}$$

となる．以上より，本問題での投資プロジェクトの正味現在価値は

$$\max\left(0,\ 7.5X-\frac{4000}{11},\ 11X-800,\ 17.5X-\frac{24000}{11},\ 22X-4000\right)$$

と表すことができる．図 5.5 のとおり，5 つの領域に分けられる．すなわち，

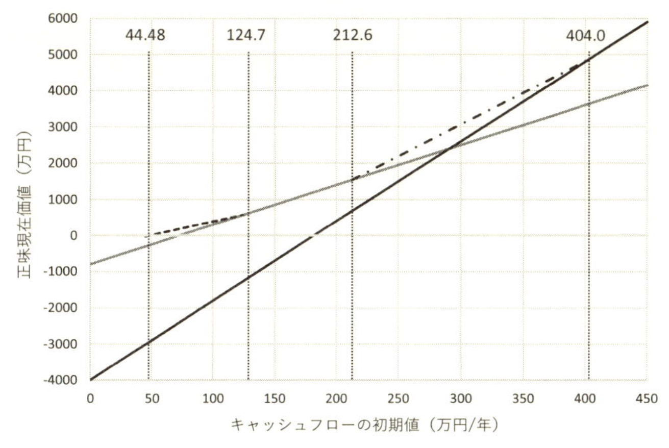

図 5.5　投資プロジェクトの選択

$X < 44.48$ 万円/年のときは投資を実施せず，44.48 万円/年 $\leq X < 124.7$ 万円/年のときは $t = 1$ 時点でキャッシュフローが上昇したときのみプロジェクト A に投資し，124.7 万円/年 $\leq X \leq 212.6$ 万円/年のときは現時点でプロジェクト A に投資する．また，212.6 万円/年 $< X < 404.0$ 万円/年のときは，$t = 1$ 時点において，キャッシュフローが上昇したときはプロジェクト A に投資し，下降したときはプロジェクト B に投資する．さらに，$X \geq 404.0$ 万円/年のときは，現時点においてプロジェクト B に投資することが最適であることを表している．

5.4.4　ロバスト最適化への応用

現実の投資プロジェクトにおいては，前節まで設定していたようなキャッシュフローの上昇・下降確率が不確実であることが考えられる．このような場合，可能性のある複数のシナリオ，もしくは確率の集合を考え，その中で利潤が最小となる最悪のシナリオの確率を選択し，そのもとで正味現在価値を最大化するように意思決定するロバスト最適化の考えを適用する [*4)]．

本節では，Nishimura and Ozaki (2007) で議論されているようなキャッシュ

[*4)] 経済学やファイナンスの分野においては，このような問題設定は**曖昧性** (ambiguity)，もしくは **Knight の不確実性** (Knightian uncertainty) のもとでの投資意思決定問題といわれている．

フローの推移確率が不確実な状況を考える．現時点において投資を実施するときのシナリオ確率が最小となる最悪の場合の期待正味現在価値は

$$\min_p\left(\frac{X}{\rho}(\rho+(u-d)p+d)-I\right)$$
$$=\frac{X}{\rho}\left\{\rho+(u-d)\min_p(p)+d\right\}-I \tag{5.15}$$

である．また，$t=1$ 時点でキャッシュフローが uX に上昇するときのみ投資を実施するときのシナリオ確率が最小となる期待正味現在価値は，下降したときの正味価値が $\frac{(1+\rho)dX}{\rho}-I<0$ とすると

$$\min_p\left(p\left(\frac{uX}{\rho}-\frac{I}{1+\rho}\right)\right)=\min_p(p)\left(\frac{uX}{\rho}-\frac{I}{1+\rho}\right) \tag{5.16}$$

となる．以上より，投資時点の選択に関する正味現在価値は

$$\max\left(0,\ \min_p(p)\left(\frac{uX}{\rho}-\frac{I}{1+\rho}\right),\ \frac{X}{\rho}\left\{\rho+(u-d)\min_p(p)+d\right\}-I\right) \tag{5.17}$$

である．式 (5.16) と式 (5.15) との差である投資オプションの価値は

$$\min_p(p)\left(\frac{uX}{\rho}-\frac{I}{1+\rho}\right)-\left[\frac{X}{\rho}\left\{\rho+(u-d)\min_p(p)+d\right\}-I\right]$$
$$=\min_p(p)\left(\frac{dX}{\rho}-\frac{I}{1+\rho}\right)-\frac{X}{\rho}(\rho+d)+I$$

となり，一項目は負であることから，本設定のように，より小さい確率の値 p をとるとオプション価値は増加することがわかる．また，式 (5.17) より投資の閾値は

$$X^*=\left(\frac{\rho}{1+\rho}\right)\left(\frac{\rho+(1-\min_p(p))}{\rho+d(1-\min_p(p))}\right)I$$

となる．より小さな確率 p をとる場合，閾値 X^* は増加することがわかる．以上より，Nishimura and Ozaki (2007) において示されているように，確率 (シナリオ) の幅が大きい場合，もしくは，曖昧性が高い場合は，投資を延期するインセンティブがより高まることがわかる．

5.5 連続時間モデル

5.5.1 一般的ケース

これまで離散時間 (2 時点) モデルを用いてリアルオプションのいくつかの例

について紹介してきた．本節では，連続時間モデルを用いて，投資プロジェクトの価値や投資の閾値を導出する．特に，投資オプション価値が満たす微分方程式の導出を行う．

不確実に変動する状態変数 (需要，価格，キャッシュフローなど) Y_t は，以下のような確率微分方程式にしたがうとする．

$$\mathrm{d}Y_t = m(Y_t, t)dt + s(Y_t, t)\mathrm{d}W_t, \qquad Y_0 = y \tag{5.18}$$

ここで，$m(Y_t, t), s(Y_t, t)$ は既知の関数であり，W_t は標準ブラウン運動を表しており，$\mathbb{E}[\mathrm{d}W_t] = 0$，$\mathbb{V}[\mathrm{d}W_t] = \mathbb{E}[\mathrm{d}W_t^2] = \mathrm{d}t$ のような性質をもっている [*5]．

連続時間の場合，意思決定時刻を選択する問題は，以下のとおり，現時点において実行するか，微少時間 dt だけ延期するかを選択する問題となる．

$$G(y, t) = \max\left(\Psi(y, t),\ \pi(y, t)\mathrm{d}t + \mathbb{E}\left[\mathrm{e}^{-\rho\mathrm{d}t}G(y + \mathrm{d}y, t + \mathrm{d}t)\right]\right) \tag{5.19}$$

ここで，$\Psi(X_\tau)$ は最終価値，$\pi(y, t)\mathrm{d}t + \mathbb{E}\left[\mathrm{e}^{-\rho\mathrm{d}t}G(y + \mathrm{d}y, t + \mathrm{d}t)\right]$ は継続価値を表しており，式 (5.19) は，最適停止問題を連続時間モデルとして定式化したときの Bellman 方程式である．$G(y, t)$ は，2 回連続微分可能であると仮定し，$\mathrm{d}G(y, t)$ を 2 次の項まで展開すると

$$\mathrm{d}G(y, t) = \frac{\partial G(y, t)}{\partial y}\mathrm{d}y + \frac{\partial G(y, t)}{\partial t}\mathrm{d}t + \frac{1}{2}\frac{\partial^2 G(y, t)}{\partial y^2}(\mathrm{d}y)^2 \tag{5.20}$$

となる．式 (5.20) と $\mathrm{e}^{-\rho\mathrm{d}t} \simeq 1 - \rho\mathrm{d}t$ の近似式を用いて，式 (5.19) 中の $\mathbb{E}\left[\mathrm{e}^{-\rho\mathrm{d}t}G(y + \mathrm{d}y, t + \mathrm{d}t)\right]$ を計算すると

$$\begin{aligned}
&\mathbb{E}\left[\mathrm{e}^{-\rho\mathrm{d}t}G(y + \mathrm{d}y, t + \mathrm{d}t)\right] \\
=&\mathbb{E}\left[(1 - \rho\mathrm{d}t)(\mathrm{d}G(y, t) + G(y, t))\right] \\
=&\mathbb{E}\left[(1 - \rho\mathrm{d}t)\left(\frac{\partial G(y, t)}{\partial y}\mathrm{d}y + \frac{\partial G(y, t)}{\partial t}\mathrm{d}t + \frac{1}{2}\frac{\partial^2 G(y, t)}{\partial y^2}(\mathrm{d}y)^2\right.\right. \\
&\left.\left. + G(y, t)\right)\right] \\
=&\left(m(y, t)\frac{\partial G(y, t)}{\partial y} + \frac{\partial G(y, t)}{\partial t} + \frac{1}{2}s(y, t)^2\frac{\partial^2 G(y, t)}{\partial y^2} - \rho G(y, t)\right)\mathrm{d}t \\
&+ G(y, t)
\end{aligned} \tag{5.21}$$

[*5] 本書では，紙幅の制約のため，ブラウン運動や確率微分方程式の説明は省略する．本書で必要となる確率解析の基本事項の詳細については，辻村・前田 (2016) を参照されたい．

となる．ただし，$\mathrm{d}t$ より高次の項は無視している．式 (5.21) を用いると式 (5.19) は

$$G(y,t) = \max\left(\Psi(y,t),\ \left(\pi(y,t) + m(y,t)\frac{\partial G(y,t)}{\partial y} + \frac{\partial G(y,t)}{\partial t} + \frac{1}{2}s(y,t)^2\frac{\partial^2 G(y,t)}{\partial y^2} - \rho G(y,t)\right)\mathrm{d}t + G(y,t)\right) \tag{5.22}$$

となる．式 (5.22) の右辺から，続行領域における価値が満たす微分方程式は

$$\frac{1}{2}s(y,t)^2\frac{\partial^2 G(y,t)}{\partial y^2} + m(y,t)\frac{\partial G(y,t)}{\partial y} + \frac{\partial G(y,t)}{\partial t} - \rho G(y,t) + \pi(y,t) = 0 \tag{5.23}$$

となる．t における投資の閾値 Y_t^* と続行領域における価値は，以下の境界条件から得られる [*6]．

$$\begin{cases} G(Y_t^*, t) = \Psi(Y_t^*, t), \\ \dfrac{\partial G(Y_t^*, t)}{\partial Y} = \dfrac{\partial \Psi(Y_t^*, t)}{\partial Y} \end{cases}$$

第 1 の条件式は，**value-matching** 条件で，連続性を表しており，意思決定を行う水準 Y^* において続行領域の価値と停止価値が等しくなることを表している．第 2 の条件式は，**smooth-pasting** 条件で，最適性を表している．

5.5.2 特殊ケースのモデル 1—投資意思決定の基本モデル—

投資の閾値，オプション価値が解析的に求まる，すなわち，解析解が得られる特殊ケースを考える．式 (5.18) における $m(Y_t,t)$ と $s(Y_t,t)$ が Y_t に関する線形関数であるとする．すなわち，$m(Y_t,t) = \mu Y_t$，$s(Y_t,t) = \sigma Y_t$ である．このとき，確率微分方程式 (5.18) は

$$\mathrm{d}Y_t = \mu Y_t \mathrm{d}t + \sigma Y_t \mathrm{d}W_t, \qquad Y_0 = y \tag{5.24}$$

となる．この確率微分方程式を幾何ブラウン運動 (geometric Brownian motion) とよぶ [*7]．投資費用 I を支払い，その後，Y_t がその投資時点から永遠に

[*6] この他にも，それぞれの問題設定に対応した時間 t に関する境界条件が与えられる．

[*7] 多くのリアルオプションモデルにおいて，幾何ブラウン運動が適用されているが，状態変数が負の値になりうるときは，$m(Y_t,t) = \mu$，$s(Y_t,t) = \sigma$ とそれぞれを定数とする確率微分方程式を用いるときがある．この確率微分方程式を算術ブラウン運動 (arithmetic Brownian motion) とよぶ．

毎期得られるとすると，最終価値は

$$\Psi(y) = \mathbb{E}\left[\int_0^\infty \mathrm{e}^{-\rho t} Y_t - I\right] = \frac{y}{\rho - \mu} - I \tag{5.25}$$

となる．現時点における収益フロー $\pi(y,t)$ は存在しないものとする．また，現時点から投資を実施するまでの時間制約はないとすると，式 (5.23) における続行領域の価値 $G(y,t)$ は時間と独立となる．すなわち

$$\frac{1}{2}\sigma^2 y^2 \frac{d^2G(y)}{dy^2} + \mu y \frac{dG(y)}{dy} - \rho G(y) = 0 \tag{5.26}$$

となる．式 (5.26) の一般解は

$$G(y) = a_1 y^{\beta_1} + a_2 y^{\beta_2} \tag{5.27}$$

である．ここで，a_1，a_2 は未知定数であり，β_1，β_2 は，$\frac{1}{2}\sigma^2\beta(\beta-1)+\mu\beta-\rho=0$ の正と負の根であり

$$\beta_1 = \frac{1}{2} - \frac{\mu}{\sigma^2} + \sqrt{\left(\frac{\mu}{\sigma^2} - \frac{1}{2}\right)^2 + \frac{2\rho}{\sigma^2}} > 1,$$

$$\beta_2 = \frac{1}{2} - \frac{\mu}{\sigma^2} - \sqrt{\left(\frac{\mu}{\sigma^2} - \frac{1}{2}\right)^2 + \frac{2\rho}{\sigma^2}} < 0$$

である．続行領域における投資オプション価値 (5.27) に関して，y が 0 のときは価値が 0 となる．この条件を満たすために $a_2 = 0$ となる．以上より，value-matching 条件，smooth-pasting 条件は

$$\begin{cases} a_1 {Y^*}^{\beta_1} = \dfrac{Y^*}{\rho - \mu} - I \\ \beta_1 a {Y^*}^{\beta_1 - 1} = \dfrac{1}{\rho - \mu} \end{cases} \tag{5.28}$$

となる．式 (5.28) より，投資の閾値は

$$Y^* = \frac{\beta_1}{\beta_1 - 1}(\rho - \mu) I \tag{5.29}$$

と求まる．従来の期待正味現在価値による評価法，すなわち，現時点において投資の実施を決定するときの閾値は，$Y_0^* = (\rho - \mu)I$ である．$\frac{\beta_1}{\beta_1 - 1} > 1$ であることから，$Y^* > Y_0^*$ となり，将来不確実な状況下で投資時点を選択できる状況では，投資を延期することが最適となることがわかる．また，式 (5.27) におけ

る未知定数 a_1 は

$$a_1 = \frac{Y^{*1-\beta_1}}{\beta_1(\rho-\mu)} \tag{5.30}$$

である．投資の閾値 (5.29) に対する Y_t の不確実性の度合いを示す (ボラティリティ) σ に関する性質は，$\frac{\partial\beta_1}{\partial\sigma} < 0$ より

$$\frac{\partial Y^*}{\partial\sigma} = -\frac{1}{(\beta_1-1)^2}\frac{\partial\beta_1}{\partial\sigma}(\rho-\mu)I > 0$$

となる．すなわち，離散時間モデルと同様，不確実性が高い状況では，投資の閾値が大きくなり，投資を延期するインセンティブが高まることを示している．

5.5.3 特殊ケースのモデル 2—容量拡大投資モデル—

前節では，現時点において設備をもっておらず，設備設置の投資を実施し，その設備を運転することからキャッシュフローが得られるような問題を考えた．本節では，現時点においてすでに設備をもっていることでキャッシュフローが発生しており，投資コストを支払うことで設備の容量を拡大するような状況を考える．キャッシュフロー Y_t は前節同様，式 (5.24) の幾何ブラウン運動にしたがうと仮定する．現時点ではキャッシュフロー Y_t を得ているが，投資コスト I を支払うことで設備の容量が拡大し，その後のキャッシュフローは $\alpha Y_t\,(\alpha > 1)$ になるものとする．このときの最終価値は

$$\Psi(y) = \mathbb{E}\left[\int_0^\infty \mathrm{e}^{-\rho t}\alpha Y_t - I\right] = \frac{\alpha y}{\rho-\mu} - I$$

となる．前節同様，現時点から投資を実施するまでの時間制約はないものとする．現時点における収益フロー Y_t が存在するとき，続行領域の価値 $G(y)$ が満たす微分方程式は

$$\frac{1}{2}\sigma^2 y^2\frac{d^2G(y)}{dy^2} + \mu y\frac{dG(y)}{dy} - \rho G(y) + y = 0 \tag{5.31}$$

となる．式 (5.31) の一般解は

$$G(y) = b_1 y^{\beta_1} + b_2 y^{\beta_2} + \frac{y}{\rho-\mu} \tag{5.32}$$

である．ここで，b_1, b_2 は未知定数である．y が 0 のとき，続行領域の価値 (5.32) は 0 となることから，この条件を満たすために $b_2 = 0$ となる．以上より，容量

郵　便　は　が　き

料金受取人払郵便

牛込局承認

4151

差出有効期間
2020年
3月31日まで

切手を貼らずこのままお出し下さい

1 6 2 - 8 7 9 0

東京都新宿区新小川町6-29

株式会社　朝倉書店

愛読者カード係　行

●本書をご購入ありがとうございます。今後の出版企画・編集案内などに活用させていただきますので，本書のご感想また小社出版物へのご意見などご記入下さい。

フリガナ お名前	男・女　　年齢　　　歳
ご自宅　〒　　　　電話	
E-mailアドレス	
ご勤務先 学校名	（所属部署・学部）
同上所在地	
ご所属の学会・協会名	
ご購読新聞　・朝日　・毎日　・読売　・日経　・その他（　　　）	ご購読雑誌（　　　　　）

書名　確率工学シリーズ 2　27572
エネルギー•リスクマネジメントの数理モデル

本書を何によりお知りになりましたか

1．広告をみて（新聞・雑誌名　　　　　　　　　　）
2．弊社のご案内
（●図書目録●内容見本●宣伝はがき●E-mail●インターネット●他）
3．書評・紹介記事（　　　　　　　　　　）
4．知人の紹介
5．書店でみて　　6．その他（　　　　　　　　　　）

お買い求めの書店名（　　　市・区　町・村　　　書店）

本書についてのご意見・ご感想

今後希望される企画・出版テーマについて

・図書目録の送付を希望されますか？
・図書目録を希望する
→ご送付先　・ご自宅　・勤務先

・E-mailでの新刊ご案内を希望されますか？
・希望する　・希望しない　・登録済み

ご協力ありがとうございます。ご記入いただきました個人情報については，目的以外の利用ならびに第三者への提供はいたしません。また，いただいたご意見・ご感想を，匿名にて弊社ホームページ等に掲載させていただく場合がございます。あらかじめご了承ください。

拡大投資の閾値を $Y^\star$ とすると，value-matching 条件，smooth-pasting 条件は

$$\begin{cases} b_1 Y^{\star\beta_1} + \dfrac{Y^\star}{\rho-\mu} = \dfrac{\alpha Y^\star}{\rho-\mu} - I \\ \beta_1 b_1 Y^{*\beta_1 - 1} + \dfrac{1}{\rho-\mu} = \dfrac{\alpha}{\rho-\mu} \end{cases} \tag{5.33}$$

となる．式 (5.33) より，投資の閾値 $Y^\star$ と b_1 は

$$Y^\star = \frac{\beta_1}{\beta_1 - 1}\frac{\rho-\mu}{\alpha-1} I \tag{5.34}$$

$$b_1 = \frac{(\alpha-1)Y^{\star 1-\beta_1}}{\beta_1(\rho-\mu)}$$

と求まる．投資の閾値 (5.34) の α に関する性質は

$$\frac{\partial Y^\star}{\partial \alpha} = -\frac{Y^\star}{\alpha-1} < 0$$

となる．すなわち，容量拡大の程度を表す α が大きいほど，閾値 $Y^\star$ は減少し，投資機会が増加することを表している．

演　習　問　題

問題 5.1　5.4.1 節のモデルにおいて，投資コストが確定しておらず，投資実施について投資コストにより判断する場合，そのときの投資の閾値 I^* を求めよ．ただし，キャッシュフローの初期値を 100 万円/年とする．

問題 5.2　不確実性が増すと，投資オプション価値 (5.30) は，どのように変化するか調べよ．

第 II 部

応用事例

小売電気事業者の電力調達
電源投資の経済性評価
エネルギーサプライチェーンマネジメント

CHAPTER 6

小売電気事業者の電力調達

Information is the resolution of uncertainty.
(不確実性は情報により減少するものである.)
— Claude Elwood Shannon

6.1 電力調達問題

小売電気事業者は, 卸電力市場や相対取引等で電力を調達し, その電力を最終需要者に供給する. ここで, 小売電気事業者にとっての重要な意思決定として, 利潤が最大になるように, 最終需要に見合う電力をどの程度卸市場や相対取引から調達するかを決める必要がある. この調達量の意思決定において, 必要需要量に対し過不足なく調達する必要があるときや, 卸市場における価格や需要量等の不確実性が存在するような状況では, 経済性を追求することのみならずさまざまなリスクも考慮に入れて意思決定を行う必要がある. すなわち, 小売電気事業者は, 電力調達の意思決定において, 利潤を最大化する一方, リスクを最小化するような行動をとることが考えられる. そこで本章では, 第1章で紹介した確率計画法, 第3章で述べたVaRやCVaR等のリスクマネジメント手法を小売電気事業者の電力調達問題に適用し, 調達量の意思決定に関する分析を行う. また, 本問題において再生可能エネルギー普及促進策が実施されたときの調達量決定への影響分析について紹介する.

本章で考える小売電気事業者の電力調達モデルは, Conejo et al. (2010) に基づき, 図6.1のように3時点 (一時間単位) における調達を考える. 小売電力価格は P^r (円/kWh) として, 各時点で一定の値とする. 時点 t における需要量

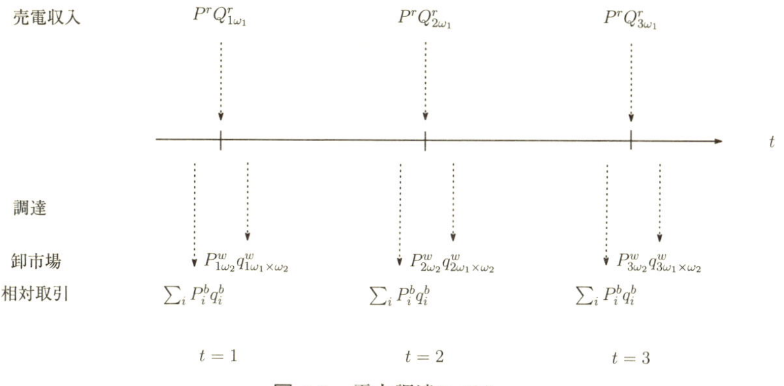

図 6.1 電力調達モデル

は $Q^r_{t\omega_1}$ (kW) である．ここで，添え字 ω は，その変数が確率変数であることを表しており，本章では不確実性をシナリオで表し，需要量はシナリオ ω_1 にしたがうと仮定する．以上より，時点 t の小売電気事業者の売電収入は，$P^r Q^r_{t\omega_1}$ (円) となる．一方，電力の調達先は図 6.1 のとおり，相対取引と卸電力市場の 2 つとする．相対取引においては，複数の異なる契約があることを想定し，各契約の価格を P^b_i (円/kWh) とし，各時点において一定であるとする．各取引からの調達量を q^b_i (kW) とすると，最大取引量 $Q^{\max}_i$ (kW) の範囲で調達するものとする．各時点における相対取引の調達コストは，$\sum_i P^b_i q^b_i$ (円) となる．卸電力市場からの調達においては，卸価格が各時点において不確実性であるとして，時点 t の卸価格 $P^w_{t\omega_2}$ (円/kWh) は，シナリオ ω_2 にしたがうと仮定する．ここでの時点 t における調達量を $q^w_{t\omega_1\times\omega_2}$ (kW) とすると，時点 t における卸電力市場の調達コストは，$P^w_{t\omega_2} q^w_{t\omega_1\times\omega_2}$ (円) である．以上より，本章で考える時点 t の小売電気事業者の事業収益は

$$f_t(q^b_i, q^w_{t\omega_1\times\omega_2}) = P^r Q^r_{t\omega_1} - \sum_i P^b_i q^b_i - P^w_{t\omega_2} q^w_{t\omega_1\times\omega_2} \tag{6.1}$$

となる．

本分析で用いる基本ケースの小売電力価格は P^r =20 円/kWh とする．需要量 $Q^r_{t\omega_1}$ は不確実であり，表 6.1 のように，比較的安定した需要量である $\omega_1 = 1$ と変動率が高い $\omega_1 = 2$ の 2 つのシナリオを考える．相対取引においては，表 6.2 のように 3 つの異なる価格 P^b_i，最大取引量 $Q^{\max}_i$ をもつ契約を考える．卸

表 6.1 需要量 $Q^r_{t\omega_1}$ (kW)

シナリオ，ω_1	時点，t		
	1	2	3
1	350000	350000	300000
2	200000	450000	350000

表 6.2 相対取引データ

契約，i	価格，P^b_i (円/kWh)	最大取引量，$Q^{\max}_i$ (kW)
1	18	100000
2	19	80000
3	20	50000

表 6.3 卸市場価格 $P^w_{t\omega_2}$ (円/kWh)

シナリオ，ω_2	時点，t		
	1	2	3
1	12.65	22.06	22.89
2	13.42	20.08	22.32
3	18.03	21.40	19.28
4	17.60	24.21	17.63
5	15.25	20.16	16.89

市場価格は不確実であり，表 6.3 のような 5 つのシナリオを考える．本分析では，ω_1，ω_2 いずれのシナリオも等確率 $\pi^1_{\omega 1}$，$\pi^2_{\omega 2}$ で発生するものとし，ω_1 においては，各シナリオの発生確率が 50%であり，ω_2 については 20%である．すなわち，本分析で考える全シナリオ $\omega_1 \times \omega_2$ の事象確率は 10%となる．以上の設定，パラメータにより，次節以降，小売電気事業者の電力調達問題を定式化し，経済性とリスクの観点から分析を行う．

6.2 リスク中立的な意思決定

本節では，意思決定を行う小売電気事業者がリスク中立的である状況を考える．すなわち，意思決定において評価する価値のリスクの大小によらず，その期待値のみで判断する状況を考える．このとき，小売電気事業者の電力調達問題は，以下のように定式化される．

$$\max_{q^b_i,\, q^w_{t\omega_1\times\omega_2}} \sum_{\omega_1=1}^{2}\sum_{\omega_2=1}^{5}\pi^1_{\omega_1}\pi^2_{\omega_2}\sum_{t=1}^{3}\left(P^r Q^r_{t\omega_1} - \sum_{i=1}^{3} P^b_i q^b_i - P^w_{t\omega_2} q^w_{t\omega_1\times\omega_2}\right) \tag{6.2}$$

$$\text{s.t.}\quad 0 \le q^b_i \le Q^{\max}_i,\quad i = 1, 2, 3 \tag{6.3}$$

$$\sum_{i=1}^{3} q^b_i + q^w_{t\omega_1\times\omega_2} = Q^r_{t\omega_1},\quad t = 1, 2, 3;$$

$$\omega_1 = 1, 2;\ \omega_2 = 1, \ldots, 5 \tag{6.4}$$

$$q^w_{t\omega_1 \times \omega_2} \geq 0, \quad t = 1, 2, 3;\ \omega_2 = 1, 2;\ \omega_2 = 1, \ldots, 5 \tag{6.5}$$

目的関数 (6.2) は，式 (6.1) において定義した時点 t における収益を 3 時点の総和の各々のシナリオにおける期待値として表したものである．この期待値を最大化するように，各相対取引量 q^b_i と各時点における卸電力取引市場からの調達量 $q^w_{t\omega_2}$ が決定される．式 (6.3) は，各相対取引における取引量との制約式である．本分析では，最大取引量である上限のみを課している．式 (6.4) は，時点 t，各シナリオにおいて，相対取引と卸市場からの調達量の総和を過不足なく需要量と等しくすることを表している．式 (6.5) は，$q^w_{t\omega_1 \times \omega_2}$ の非負制約である．

本問題の最適解において，相対取引からの調達量は，$\{q^{b^*}_1, q^{b^*}_2, q^{b^*}_3\} = \{100000, 0, 0\}$ となった．すなわち，価格が最も低い 18 円/kWh の契約 $i = 1$ のみを選択し，最大取引量の 10 万 kW 分を調達していることがわかる．これは，卸電力価格の全時点，全シナリオに対する平均価格が，18.92 円/kWh であるため，この値より低い相対取引価格の契約 $i = 1$ のみを選択したのである．各時点における卸市場からの最適調達量は，価格の不確実性にはよらず，需要の不確実性を表すシナリオ ω_1 のみに依存し，上記の相対取引量 10 万 kW を需要から差し引いた分を卸市場から調達することになり，$\omega_1 = 1$ のときは，$\{q^{w*}_{11\times\omega_2}, q^{w*}_{21\times\omega_2}, q^{w*}_{31\times\omega_2}\} = \{250000, 250000, 200000\}$ となり，$\omega_1 = 2$ のときは，$\{q^{w*}_{12\times\omega_2}, q^{w*}_{22\times\omega_2}, q^{w*}_{32\times\omega_2}\} = \{100000, 350000, 250000\}$ となった．このときの期待収益は，97.67 万円である．図 6.2 は，収益の累積分布関数である．最大値は，シナリオ $(\omega_1 = 1) \times (\omega_2 = 5)$ のときの 237.0 万円である一方，最小値は，シナリオ $(\omega_1 = 2) \times (\omega_2 = 1)$ のときの -10.85 万円である．本電力調達により小売電気事業者の収益が負となるような損失を被る状況は，最小値の -10.85 万円に加え，シナリオ $(\omega_1 = 2) \times (\omega_2 = 4)$ のときの -4.100 万円である．すなわち，本事業により損失を被る (収益が負となる) 確率は 20%であることがわかる．

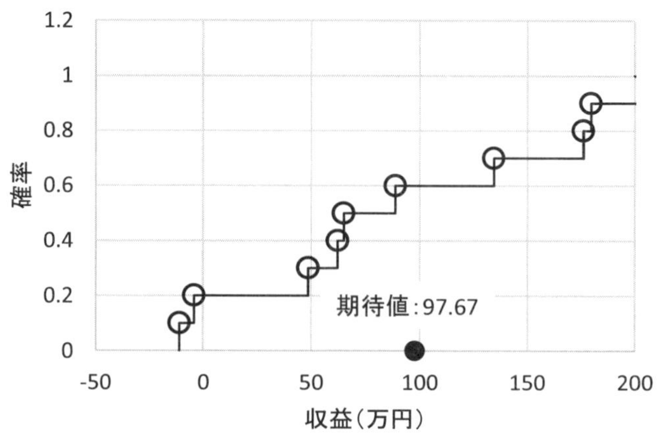

図 6.2　収益の累積確率分布

6.3　リスク回避的な意思決定

6.3.1　分　　散

前節では，リスクの大小によらず期待値のみで意思決定を判断するようなリスク中立的な小売電気事業者を考えた．本節では，期待値は同値であってもリスクが異なる場合，リスクが小さい方を選択するようなリスク回避的な小売電気事業者について考える．特に本節では，リスク指標として，第3章で紹介した分散，VaR，CVaR を扱う．また，本モデルでは，経済性とリスクのいずれかをどの程度重要視するのかを表すそれぞれの指標の重み付けのパラメータを導入し，このパラメータの影響について分析する．以下では，まず分散をリスク指標として用いる場合から見てみよう．

電力調達事業のリスクの指標として分散を導入したときの小売電気事業者の調達問題は，以下のように定式化される．

$$\max_{q_i^b, q_{t\omega_1\times\omega_2}^w} (1-\beta)\times\sum_{\omega_1=1}^{2}\sum_{\omega_2=1}^{5}\pi_{\omega_1}^1\pi_{\omega_2}^2\sum_{t=1}^{3}\left(P^rQ_{t\omega_1}^r-\sum_{i=1}^{3}P_i^bq_i^b-P_{t\omega_2}^wq_{t\omega_1\times\omega_2}^w\right)$$

$$-\beta\sum_{\omega_1=1}^{2}\sum_{\omega_2=1}^{5}\pi_{\omega_1}^1\pi_{\omega_2}^2\left\{\sum_{t=1}^{3}(P^rQ_{t\omega_1}^r-P_{t\omega_2}^wq_{t\omega_1\times\omega_2}^w)\right.$$

$$- \sum_{\omega_1'=1}^{2} \sum_{\omega_2'=1}^{5} \pi^1_{\omega_1'} \pi^2_{\omega_2'} \sum_{t=1}^{3} \left(P^r Q^r_{t\omega_1'} - P^w_{t\omega_2'} q^w_{t\omega_1' \times \omega_2'} \right) \Bigg\}^2 \tag{6.6}$$

$$\text{s.t.} \quad 0 \leq q_i^b \leq Q_i^{\max}, \quad i = 1, 2, 3 \tag{6.7}$$

$$\sum_{i=1}^{3} q_i^b + q^w_{t\omega_1 \times \omega_2} = Q^r_{t\omega_1}, \quad t = 1, 2, 3;$$

$$\omega_1 = 1, 2; \ \omega_2 = 1, \ldots, 5 \tag{6.8}$$

$$q^w_{t\omega_1 \times \omega_2} \geq 0, \quad t = 1, 2, 3; \ \omega_2 = 1, 2; \ \omega_2 = 1, \ldots, 5 \tag{6.9}$$

目的関数 (6.6) における β は，収益と分散のそれぞれに関する重み付けのパラメータである．$\beta = 0$ のときは分散の項が 0 となり，前節のリスク中立的な小売電気事業者の問題と同様のものとなる．その一方，$\beta = 1$ のときは，収益の項が 0 となり，分散最小化の問題となる [*1]．制約条件 (6.7)–(6.9) は，リスク中立的な小売電気事業者の問題と同様である．

$\beta = 1$ のときの最適解において，相対取引からの調達量は，$\{q_1^{b^*}, q_2^{b^*}, q_3^{b^*}\} = \{100000, 80000, 20000\}$ となった．価格が 18 円/kWh，19 円/kWh の契約 $i = 1, 2$ それぞれにおいては，最大取引量分を調達し，20 円/kWh の契約 $i = 3$ のみ最大取引量の 40%分を調達する結果となった．これは，契約 $i = 3$ が卸市場価格と比較し高い価格であり，契約 $i = 3$ から調達する場合，負の収益となる可能性が高まり分散が増えることから，他の契約よりも少ない調達量になるものと考えられる．また，リスク中立的な小売電気事業者と比べ，分散最小化の場合は，相対取引を購入することによりリスクが小さくなるため，比較的相対取引に依存する調達となる．各時点における卸市場からの最適調達量は，前節同様，需要の不確実性を表すシナリオ ω_1 のみに依存し，$\omega_1 = 1$ のときは，$\{q^{w*}_{11\times\omega_2}, q^{w*}_{21\times\omega_2}, q^{w*}_{31\times\omega_2}\} = \{150000, 150000, 100000\}$ となり，$\omega_1 = 2$ のときは，$\{q^{w*}_{12\times\omega_2}, q^{w*}_{22\times\omega_2}, q^{w*}_{32\times\omega_2}\} = \{0, 250000, 150000\}$ となった．図 6.3，6.4 はそれぞれ，$\beta = 0$ と $\beta = 1$ のときの累積分布関数である．$\beta = 0$ のときと比較し $\beta = 1$ のときは，収益の値の散らばりが小さくなっていることがわかる．

[*1] 収益と分散の単位は異なり，それぞれの絶対値との比較についても困難であることから，$\beta = 0, 1$ 以外の値においては，β の値により，収益とリスク（分散）のどちらを重要視しているかを判断することは困難であると考える．

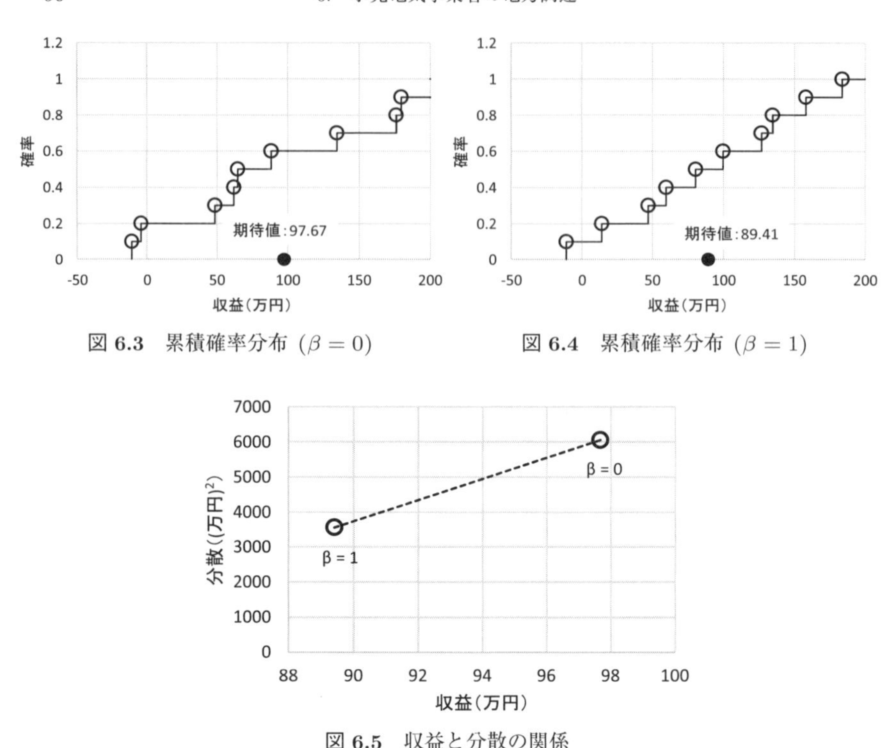

図 6.3　累積確率分布 ($\beta = 0$)　　図 6.4　累積確率分布 ($\beta = 1$)

図 6.5　収益と分散の関係

特に，収益が負の値をとる確率が 10%と減少している．期待値は，97.67 万円から 89.41 万円と 8 万円程減少する．図 6.5 は，それぞれの β において，収益と分散をプロットしたものである．β が小さくなるほど，収益が大きくなる一方，分散も増加することがわかる．β の値は各々の小売電気事業者によって異なる事業戦略パラメータであり，本問題のパラメータの上では，いずれの事業者もこの曲線上に位置するような調達の意思決定となる．

6.3.2　VaR

電力調達事業のリスクの指標として VaR を導入したときの小売電気事業者の調達問題は，以下のように定式化される．

$$
\begin{aligned}
\max_{q_i^b, q_{t\omega_1\times\omega_2}^w, z_{\omega_1\times\omega_2}, v} \quad & (1-\beta)\sum_{\omega_1=1}^{2}\sum_{\omega_2=1}^{5}\pi_{\omega_1}^1\pi_{\omega_2}^2 \\
& \times\sum_{t=1}^{3}\left(P^r Q_{t\omega_1}^r - \sum_{i=1}^{3} P_i^b q_i^b - P_{t\omega_2}^w q_{t\omega_1\times\omega_2}^w\right) + \beta v \qquad (6.10) \\
\text{s.t.} \quad & 0 \le q_i^b \le Q_i^{\max}, \quad i=1,2,3 \\
& \sum_{i=1}^{3} q_i^b + q_{t\omega_1\times\omega_2}^w = Q_{t\omega_1}^r, \quad t=1,2,3; \\
& \omega_1 = 1,2;\ \omega_2 = 1,\ldots,5 \\
& q_{t\omega_1\times\omega_2}^w \ge 0,\ t=1,2,3;\ \omega_1=1,2;\ \omega_2=1,\ldots,5 \\
& v - \sum_{t=1}^{3}\left(P^r Q_{t\omega_1}^r - \sum_{i=1}^{3} P_i^b q_i^b - P_{t\omega_2}^w q_{t\omega_1\times\omega_2}^w\right) \le M z_{\omega_1\times\omega_2}, \\
& \omega_1 = 1,2;\ \omega_2 = 1,\ldots,5 \qquad (6.11) \\
& \sum_{\omega_1=1}^{2}\sum_{\omega_2=1}^{5}\pi_{\omega_1}^1\pi_{\omega_2}^2 z_{\omega_1\times\omega_2} \le 1-\alpha \qquad (6.12) \\
& z_{\omega_1\times\omega_2} \in \{0,1\}, \quad \omega_1 = 1,2;\ \omega_2 = 1,\ldots,5 \qquad (6.13)
\end{aligned}
$$

ここで，v は目的関数 (6.10) のとおり，制御変数であり，VaR を表している．制約条件 (6.11)–(6.13) は，VaR に関する制約条件である．式 (6.11) において，左辺はシナリオ $\omega_1 \times \omega_2$ における総収益が v を下回ったときに正となり，この制約を満たすために，$z_{\omega_1\times\omega_2}$ を 1 とする必要がある．式 (6.11) 中の M は，非常に大きな正の値である (これを Big-M とよぶことが多い)．その一方，シナリオ $\omega_1 \times \omega_2$ における総収益が v 以上のときは，$z_{\omega_1\times\omega_2}$ を 0 として制約を満たす．$\beta = 1$ の場合，目的関数は v の最大化であることから，v を大きくすると，式 (6.11) を満たすために $z_{\omega_1\times\omega_2}$ を 1 とする必要があるが，式 (6.11) を満たすためには，制約条件 (6.12) のため，$z_{\omega_1\times\omega_2}$ を 1 にできるシナリオには制限がある．式 (6.12) は，確率水準に関する制約となっており，右辺の $1-\alpha$ 以下を満たすように，左辺にある決定変数 $z_{\omega_1\times\omega_2}$ は，式 (6.13) のとおり，0 または 1 の値となる．

本分析では，$\alpha = 0.8$，$M = 1000000$ を用いる．図 6.6，6.7 はそれぞれは，$\beta = 0$ と $\beta = 1$ のときの収益に関する累積確率分布を表している．$\beta = 0$ のとき

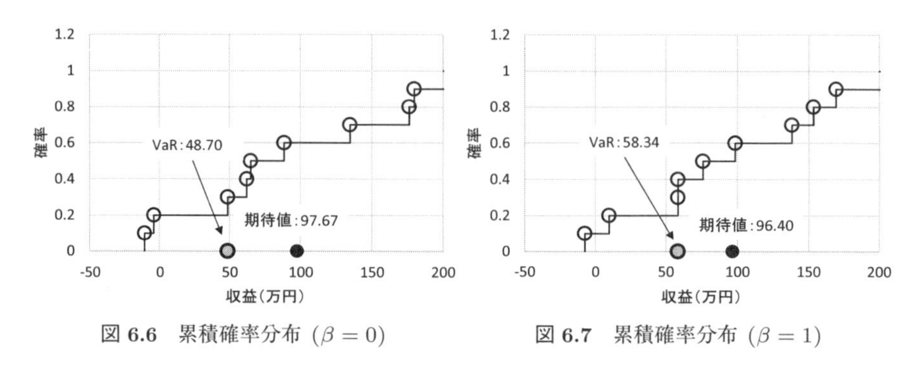

図 **6.6** 累積確率分布 ($\beta = 0$)　　図 **6.7** 累積確率分布 ($\beta = 1$)

はリスク中立的な意思決定でありVaRによらず調達量は決定されるが，VaRに対応する20%分位点は，シナリオ $(\omega_1 = 2) \times (\omega_2 = 3)$ のときの48.70万円である．この値より小さい収益となる確率は20%であり，シナリオ $(\omega_1 = 2) \times (\omega_2 = 4)$ のときの -4.100 万円とシナリオ $(\omega_1 = 2) \times (\omega_2 = 1)$ のときの -10.85 万円である．一方，$\beta = 1$ のときは，電力調達の収益には依存せずVaRの最大化問題となる．このときのVaRは，シナリオ $(\omega_1 = 2) \times (\omega_2 = 2)$ とシナリオ $(\omega_1 = 2) \times (\omega_2 = 3)$ のときと同値となり58.34万円である．$\beta = 0$ のときの20%分位点の48.70万円と比べ10万円ほど上昇し，さらに確率分布の幅が狭くなることがわかる．期待収益は，96.40万円と $\beta = 0$ のときの97.67万円から1万円ほど減少する．相対取引からの調達量は，$\{q_1^{b*}, q_2^{b*}, q_3^{b*}\} = \{100000, 56400, 0\}$ となった．各時点における卸市場からの最適調達量は，$\omega_1 = 1$ のときは，$\{q_{11\times\omega_2}^{w*}, q_{21\times\omega_2}^{w*}, q_{31\times\omega_2}^{w*}\} = \{193600, 193600, 143600\}$ となり，$\omega_1 = 2$ のときは，$\{q_{12\times\omega_2}^{w*}, q_{22\times\omega_2}^{w*}, q_{32\times\omega_2}^{w*}\} = \{43600, 293600, 193600\}$ となった．前節のリスク指標が分散のときと比較すると，相対取引の契約 $i = 3$ からの調達量が2000から0となっている．前節のリスク指標が分散のときの20%分位点は，47.20万円であり，VaRの最大値を得るためには，相対取引量を減らし，卸電力市場から調達する傾向となることがわかる．

6.3.3 CVaR

電力調達事業のリスクの指標としてCVaRを導入したときの小売電気事業者

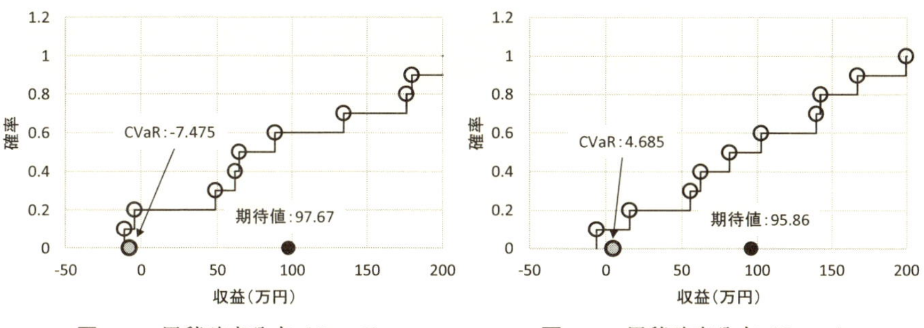

図 **6.8**　累積確率分布 ($\beta = 0$)　　　図 **6.9**　累積確率分布 ($\beta = 1$)

の調達問題は，以下のように定式化される*2)．

$$
\begin{aligned}
\max_{q_i^b, q_{t\omega_1\times\omega_2}^w, s_{\omega_1\times\omega_2}, v} \quad & (1-\beta)\sum_{\omega_1=1}^{2}\sum_{\omega_2=1}^{5}\pi_{\omega_1}^1\pi_{\omega_2}^2 \\
& \times\sum_{t=1}^{3}\left(P^rQ_{t\omega_1}^r - \sum_{i=1}^{3}P_i^bq_i^b - P_{t\omega_2}^wq_{t\omega_1\times\omega_2}^w\right) \\
& +\beta\left(v - \frac{1}{1-\alpha}\sum_{\omega_1=1}^{2}\sum_{\omega_2=1}^{5}\pi_{\omega_1}^1\pi_{\omega_2}^2 s_{\omega_1\times\omega_2}\right) \\
\text{s.t.} \quad & 0 \le q_i^b \le Q_i^{\max}, \quad i = 1,2,3 \\
& \sum_{i=1}^{3} q_i^b + q_{t\omega_1\times\omega_2}^w = Q_{t\omega_1}^r, \quad t = 1,2,3; \\
& \omega_1 = 1,2;\ \omega_2 = 1,\dots,5 \\
& q_{t\omega_1\times\omega_2}^w \ge 0, \quad t = 1,2,3;\ \omega_1 = 1,2;\ \omega_2 = 1,\dots,5 \\
& v - \sum_{t=1}^{3}\left(P^rQ_{t\omega_1}^r - \sum_{i=1}^{3}P_i^bq_i^b - P_{t\omega_2}^wq_{t\omega_1\times\omega_2}^w\right) \le s_{\omega_1\times\omega_2}, \\
& \omega_1 = 1,2;\ \omega_2 = 1,\dots,5 \qquad (6.14) \\
& s_{\omega_1\times\omega_2} \ge 0, \quad \omega_1 = 1,2;\ \omega_2 = 1,\dots,5 \qquad (6.15)
\end{aligned}
$$

図 6.8，6.9 はそれぞれ，$\alpha = 0.8$ のときの $\beta = 0$ と $\beta = 1$ のときの収益に関する累積確率分布を表している．$\beta = 0$ において，累積確率 20%にある収益の

*2)　3.4 節の CVaR の定式化においては，費用最小化問題ではあるため，本節の利益最大化問題という点で異なるものの，制約条件 (6.14)，(6.15) は，3.4 節で紹介した方法を適用している．ここでは，CVaR は利益に相当するので，CVaR を大きくする形で定式化している．

平均値は，$\frac{-10.85+(-4.100)}{2} = -7.475$ 万円である．$\beta = 1$ のときのCVaRは

$$v - \frac{1}{1-\alpha}\sum_{\omega_1=1}^{2}\sum_{\omega_2=1}^{5}\pi_{\omega_1}^{1}\pi_{\omega_2}^{2}s_{\omega_1\times\omega_2} = 154200 - \frac{1}{1-0.8}(0.1\times 214700)$$
$$= 46850\,円$$

となり，12 万円程上昇することがわかる．ここで，$s_{\omega_1\times\omega_2}$ は，シナリオ $(\omega_1 = 2)\times(\omega_2 = 1)$ のときの 154200 であり，その他のシナリオの値は 0 である．期待収益は，95.86 万円と $\beta = 0$ のときの 97.67 万円から 1.8 万円程減少する．相対取引からの調達量は，$\{q_1^{b*}, q_2^{b*}, q_3^{b*}\} = \{100000, 80000, 0\}$，各時点における卸市場からの最適調達量は，$\omega_1 = 1$ のときは，$\{q_{11\times\omega_2}^{w*}, q_{21\times\omega_2}^{w*}, q_{31\times\omega_2}^{w*}\} = \{170000, 170000, 120000\}$ となり，$\omega_1 = 2$ のときは，$\{q_{12\times\omega_2}^{w*}, q_{22\times\omega_2}^{w*}, q_{32\times\omega_2}^{w*}\} = \{20000, 270000, 170000\}$ となった．$\beta = 1$ において，VaR のときの結果と比較すると，期待収益は 96.40 万円から 95.86 万円と 0.5 万円程減少するが，分散は 4491(万円)^2 から 3958(万円)^2 と減少する結果となり，CVaR はよりリスクを重要視する戦略をとることがわかる．

6.4　再生可能エネルギー政策下における電力調達

前節までは，小売電気事業者の電力調達問題に関する基礎モデルを示した．本節では，前節の CVaR を用いたリスクマネジメントモデルを再生可能エネルギー政策下での調達問題に応用する．特に，再生可能エネルギー普及促進策の一つである再生可能エネルギー利用割合基準制度 (Renewables Portfolio Standard: 以下，RPS) が講じられている状況を考え，RPS と小売電気事業者の電力調達の意思決定との関係について分析する [*3)]．RPS は，電気事業者に発電量の一定割合 (以下，RPS 要求割合) を再生可能エネルギーによって発電することを義

---

*3) 2017 年時点において，日本では，エネルギー供給構造高度化法で「小売電気事業者等は，平成 42 年度 (2030 年度) において，非化石電源の比率を 44%以上とすることを目標とする.」と定められている．その一方，エネルギー資源庁において，小売電気事業者の再生可能エネルギー電力の調達方法として，再生可能エネルギー電力証書の取引市場である「非化石価値取引市場」を創設することが議論されている．以上の背景から，本節のモデルは，小売電気事業者に対する将来の日本の方策の分析とみなすこともできる．

表 **6.4** REC 価格

シナリオ，ω_3	時点，t		
	1	2	3
1	21.57	24.36	23.57
2	15.76	26.15	23.05
3	20.07	24.40	19.66
4	17.06	25.65	19.88
5	22.64	26.08	22.54

務付ける制度である．この義務の履行方法の一つとして，再生可能エネルギー電源による発電の代わりに，再生可能エネルギー電力証書 (Renewable Energy Certificates: 以下，REC) などの再生可能エネルギー等電気相当量の取引をすることによって補うことが認められている．

前節同様，小売電気事業者は，相対取引と卸電力市場から電力を調達する．RPS 要求割合を γ とすると，その分の再生可能エネルギー電源からの電力はすべて，REC 市場から調達するものとする．本問題設定として，REC 市場価格は不確実であるとし，表 6.4 のように 5 つのシナリオとして不確実性を表現する．このときの発生確率を $\pi^3_{\omega_3}$ とし，それぞれのシナリオが等確率 20%で発生するものとする．需要と卸電力価格の不確実性を合わせた全シナリオ $\omega_1 \times \omega_2 \times \omega_3$ は 50 通りとなる．このとき，小売電気事業者の調達問題は，以下のように定式化される．

$$
\begin{aligned}
\max_{\substack{q_i^b, q^w_{t\omega_1\times\omega_2\times\omega_3},\\ q^c_{t\omega_1\times\omega_2\times\omega_3},\\ s_{\omega_1\times\omega_2\times\omega_3}, v}} \quad & (1-\beta)\sum_{\omega_1=1}^{2}\sum_{\omega_2=1}^{5}\sum_{\omega_3=1}^{5}\pi^1_{\omega_1}\pi^2_{\omega_2}\pi^3_{\omega_3} \\
& \times \sum_{t=1}^{3}\left(P^r Q^r_{t\omega_1} - \sum_{i=1}^{3} P_i^b q_i^b \right. \\
& \left. - \left(P^w_{t\omega_2} q^w_{t\omega_1\times\omega_2\times\omega_3} + P^c_{t\omega_3} q^c_{t\omega_1\times\omega_2\times\omega_3}\right)\right) \\
& + \beta\left(v - \frac{1}{1-\alpha}\sum_{\omega_1=1}^{2}\sum_{\omega_2=1}^{5}\sum_{\omega_3=1}^{5}\pi^1_{\omega_1}\pi^2_{\omega_2}\pi^3_{\omega_3} s_{\omega_1\times\omega_2\times\omega_3}\right) \quad (6.16) \\
\text{s.t.} \quad & 0 \le q_i^b \le Q_i^{\max}, \quad i = 1, 2, 3 \\
& \sum_{i=1}^{3} q_i^b + q^w_{t\omega_1\times\omega_2\times\omega_3} + q^c_{t\omega_1\times\omega_2\times\omega_3} = Q^r_{t\omega_1},
\end{aligned}
$$

$$t = 1,2,3;\ \omega_1 = 1,2;\ \omega_2 = 1,\ldots,5;\ \omega_3 = 1,\ldots,5 \quad (6.17)$$

$$q^c_{t\omega_1\times\omega_2\times\omega_3} = \gamma Q^r_{t\omega_1},$$

$$t = 1,2,3;\ \omega_1 = 1,2;\ \omega_2 = 1,\ldots,5;\ \omega_3 = 1,\ldots,5 \quad (6.18)$$

$$q^w_{t\omega_1\times\omega_2\times\omega_3} \geq 0,$$

$$t = 1,2,3;\ \omega_1 = 1,2;\ \omega_2 = 1,\ldots,5;\ \omega_3 = 1,\ldots,5$$

$$q^c_{t\omega_1\times\omega_2\times\omega_3} \geq 0,$$

$$t = 1,2,3;\ \omega_1 = 1,2;\ \omega_2 = 1,\ldots,5;\ \omega_3 = 1,\ldots,5$$

$$v - \sum_{t=1}^{3}\left(P^r Q^r_{t\omega_1} - \sum_{i=1}^{3} P^b_i q^b_i - (P^w_{t\omega_2} q^w_{t\omega_1\times\omega_2\times\omega_3} + P^c_{t\omega_3} q^c_{t\omega_1\times\omega_2\times\omega_3})\right) \leq s_{\omega_1\times\omega_2\times\omega_3},$$

$$\omega_1 = 1,2;\ \omega_2 = 1,\ldots,5;\ \omega_3 = 1,\ldots,5$$

$$s_{\omega_1\times\omega_2\times\omega_3} \geq 0,$$

$$\omega_1 = 1,2;\ \omega_2 = 1,\ldots,5;\ \omega_3 = 1,\ldots,5$$

目的関数 (6.16) の収益の項において，REC 市場からの再生可能エネルギー電力の調達コスト $P^c_{t\omega_3} q^c_{t\omega_1\times\omega_2\times\omega_3}$ が含まれている．供給量と需要量が等価である条件式 (6.17) における調達量には，再生可能エネルギー電力の調達量分 $q^c_{t\omega_1\times\omega_2\times\omega_3}$ が含まれている．式 (6.18) は，RPS 要求割合の条件式で，全調達量に対する再生可能エネルギー電力の調達割合が γ であることを表している *4)．

本計算では，売電価格を 21 円/kWh と設定する．$\beta = 1$ において，RPS 要求割合が $\gamma = 0.2$ のとき，相対取引からの調達量は，$\{q_1^{b*}, q_2^{b*}, q_3^{b*}\} = \{100000, 60000, 0\}$ となった．各時点における卸市場からの最適調達量は，$\omega_1 = 1$ のときは，$\{q^{w*}_{11\times\omega_2\times\omega_3}, q^{w*}_{21\times\omega_2\times\omega_3}, q^{w*}_{31\times\omega_2\times\omega_3}\} = \{120000, 120000, 80000\}$ となり，$\omega_1 = 2$ のときは，$\{q^{w*}_{12\times\omega_2\times\omega_3}, q^{w*}_{22\times\omega_2\times\omega_3}, q^{w*}_{32\times\omega_2\times\omega_3}\} = \{0, 200000, 120000\}$ となった．各時点における REC 市場からの最適調達量は，$\omega_1 = 1$ の

*4) 本モデルでは，それぞれの時点ごとに RPS 要求割合を満たす条件となっているが，RPS を施行している各国，各地域において，RPS 要求割合を満たす条件，期間は，異なる設定となっている．

ときは，$\{q^{c*}_{11\times\omega_2\times\omega_3},\ q^{c*}_{21\times\omega_2\times\omega_3},\ q^{c*}_{31\times\omega_2\times\omega_3}\} = \{70000, 70000, 60000\}$ となり，$\omega_1 = 2$ のときは，$\{q^{c*}_{12\times\omega_2\times\omega_3},\ q^{c*}_{22\times\omega_2\times\omega_3},\ q^{c*}_{32\times\omega_2\times\omega_3}\} = \{40000, 90000, 70000\}$ となった．一方，RPS 要求割合が $\gamma = 0.4$ のとき，相対取引からの調達量は，$\{q^{b*}_1,\ q^{b*}_2,\ q^{b*}_3\} = \{100000,\ 20000,\ 0\}$ となった．各時点における卸市場からの最適調達量は，$\omega_1 = 1$ のときは，$\{q^{w*}_{11\times\omega_2\times\omega_3},\ q^{w*}_{21\times\omega_2\times\omega_3},\ q^{w*}_{31\times\omega_2\times\omega_3}\} = \{90000, 90000, 60000\}$ となり，$\omega_1 = 2$ のときは，$\{q^{w*}_{12\times\omega_2\times\omega_3},\ q^{w*}_{22\times\omega_2\times\omega_3},\ q^{w*}_{32\times\omega_2\times\omega_3}\} = \{0, 150000, 90000\}$ となった．各時点における REC 市場からの最適調達量は，$\omega_1 = 1$ のときは，$\{q^{c*}_{11\times\omega_2\times\omega_3},\ q^{c*}_{21\times\omega_2\times\omega_3},\ q^{c*}_{31\times\omega_2\times\omega_3}\} = \{14000, 140000, 120000\}$ となり，$\omega_1 = 2$ のときは，$\{q^{c*}_{12\times\omega_2\times\omega_3},\ q^{c*}_{22\times\omega_2\times\omega_3},\ q^{c*}_{32\times\omega_2\times\omega_3}\} = \{80000, 180000, 140000\}$ となり，RPS 要求割合が増える分を REC 市場から調達し，相対取引からの調達量を減らし，卸電力市場で調整することがわかる．

図 6.10 は，それぞれの RPS 要求割合 γ に対し，小売電気事業者の収益と CVaR の関係を示している．いずれの β においても，γ が増加することにより，収益，CVaR とも減少することがわかる．また，γ が増加するにしたがい，それぞれの β についての CVaR の差が減少していることがわかる．すなわち，再生可能エネルギー要求割合の高い政策においては，収益最大化，CVaR 最大化とも同じような電力調達の決定となる．

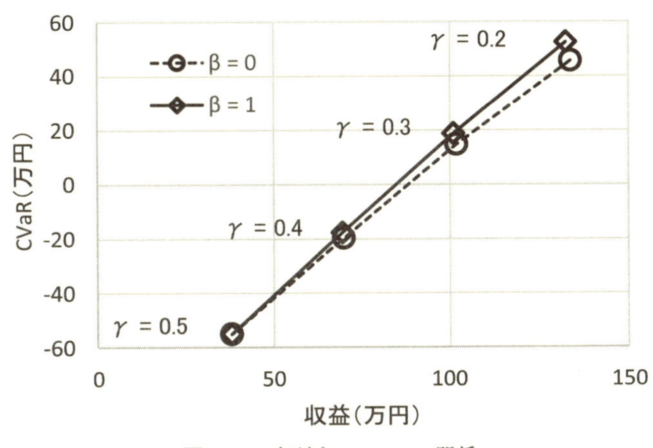

図 6.10　収益と CVaR の関係

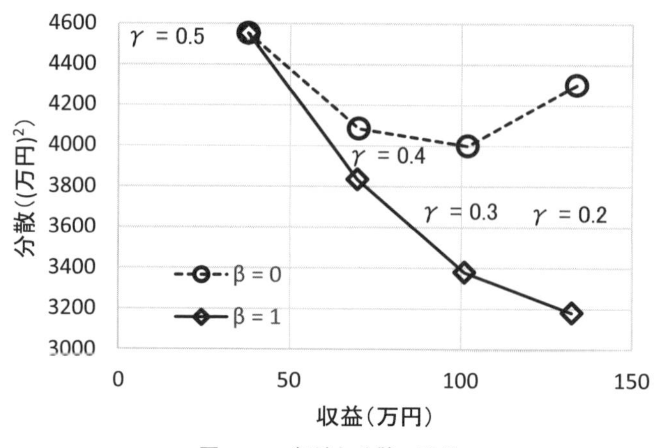

図 **6.11** 収益と分散の関係

図 6.11 は，それぞれの RPS 要求割合 γ に対し，小売電気事業者の収益とその分散の関係を示している．$\gamma = 0.5$ のときを除いて，いずれの γ においても，CVaR 最大化である $\beta = 1$ のときの方が分散が小さいことがわかる．$\beta = 1$ のときは，γ が増加するにしたがい，収益は減少し，分散は増加する一方，$\beta = 0$ のときは，分散に関して単調増加とはならないことがわかる．$\gamma = 0.2$ のときの分散 4300(万円)^2 に対し，$\gamma = 0.3, 0.4$ のときの分散はそれぞれ，3999(万円)^2，4083(万円)^2 と減少する．すなわち，RPS は小売電気事業者に再生可能エネルギーの電力調達を課している分，収益の減少を導くが [*5)]，収益の分布の幅をリスクと考えた場合，収益リスクが減少する場合があることがわかる [*6)]．

演 習 問 題

問題 6.1 6.1 節において考えた小売事業者が，容量 $q^g = 5$ 万 kW の電源

[*5)] RPS が施行され，REC 市場等で再生可能エネルギーの電力調達が義務である場合，再生可能エネルギーの発電コストの影響により小売電力価格 P^r は変化する (再生可能エネルギーの発電コストが，比較的大きい場合，P^r は高くなる).

[*6)] 本章の分析においては，$\beta = 0$ のとき γ が 0.2 から 0.3 になるとき分散が減少する結果となっているが，そのメカニズムについては，モデル内のパラメータの感度分析も含め，さらなる検証が必要である.

表 6.5　卸市場価格

シナリオ，ω	時点，t			
	1	2	3	4
1	19.3	28.7	16.3	20.6
2	21.8	29.2	23.6	19.5
3	14.1	28.0	21.9	17.9
4	18.5	25.9	16.4	15.2
5	20.3	26.4	21.8	18.3

を保有している場合の電力調達問題を考える．この電源の運転費 (燃料費を含む) は $c^g = 15$ 円/kWh で，全時点においてフル稼働するものとする．本問題をリスク中立的収益最大化として定式化し，先渡取引，卸市場からの調達量を決定し，電源を保有していない場合と比較せよ．

問題 6.2　小売事業者の電力調達問題を考える．1 期間を 1 時間とし，4 期間の問題を考える．すべての期間において，小売価格は一定で 25.0 円/kWh で，それぞれの期間の需要は，$Q_1^r = 10$ 万 kW，$Q_2^r = 30$ 万 kW，$Q_3^r = 20$ 万 kW，$Q_4^r = 10$ 万 kW である．電力調達については，すべての期間において 3 つの先渡取引を考えており，それぞれの価格は，20 円/kWh，21 円/kWh，22 円/kWh で，すべての取引において最大調達量が 3 万 kW である．また，卸市場からも調達を考えているが，市場価格は不確実であり，表 6.5 のように等確率の 5 つのシナリオが考えられる．このとき，本問題について，CVaR を用いて調達量を決定せよ．

CHAPTER

7 電源投資の経済性評価

7.1 電源投資問題

本章では，発電事業者の電源投資に関する経済性評価について考える．まずはじめに，従来の正味現在価値による投資評価手法では，どのようにリスクを組み込み，その影響に関して，どのように分析をしているのかについて紹介する．次に，第5章で紹介したリアルオプション理論による電源投資の分析を行う．特に，本章では，電源の設備稼動率に注目し，期待稼働率，計画停止，計画外停止，最適稼動・停止といったそれぞれの状況にある電源の投資問題について分析する．さらに，電源と送電設備の設置を同時に考えるような投資問題についても扱う．

本章で考える電源投資問題では，発電事業者は電力市場の中でのみ売電しているものとし*1)，価格受容者であるような状況を考える*2)．また，電源の投資環境において考えられる不確実性因子として，設置コスト，燃料コスト，売電 (市場) 価格，設備不良，もしくは規制変更等による停止があげられるが，本章では，市場価格を中心に不確実性を考え，それ以外の不確実性やリスクは，割引率に反映されているものと考える．電力市場価格 P_t (円/kWh) は，以下

---

*1) 第6章の小売電気事業者の電力調達問題のように，実際には，卸電力市場のみならず相対取引での調達も考えられ，発電事業者の売電事業においても，ある一定期間，売電価格が固定されるような相対取引が考えられる．

*2) 発電事業者が価格受容者と設定をしている先行研究がほとんどである一方，競合事業者の意思決定，すなわち，市場支配力についても分析している先行研究も存在する．リアルオプション理論による電源投資に関する先行研究全般については，Ceseña et al. (2013) を参照されたい．

のような幾何ブラウン運動にしたがうと仮定する[*3)].

$$dP_t = \mu P_t dt + \sigma P_t dW_t, \qquad P_0 = p \tag{7.1}$$

ここで μ は売電価格の期待変化率，σ は売電価格のボラティリティ，W_t は標準ブラウン運動である．電源の燃料コストと運転・保守管理 (O&M) コストを含んだ変動費を C (円/kWh) とする．また，稼働率が 100%のときの年間の発電電力量 Q (kWh/yr) は，電源の容量 q (kW) とすると，Q (kWh/yr) $=$ q (kW) $\times$ 8760(h/yr) と表せる．年間の稼働率を α とすると，年間の発電電力量は αQ (kWh/yr) となる．電源の設置コストは，kW あたりの単価を ξ (円/kW) とすると，ξ (円/kW) $\times$ q (kW) である．電源を設置した後すぐに売電が開始され，電源の廃止措置は考えず，停止時以外は永久に売電するものと仮定する．本章で考える経済的価値は，電源の売電に関する事業価値のみであり，発電事業者 (企業) 自体の価値は考えない．すなわち，電源の価値を最大化するように設置の意思決定が行われるものとする．

7.2　正味現在価値による評価

本節では，従来から用いられてきた正味現在価値による評価手法 (以下では，NPV 法) を示す．NPV 法においては，将来のプロジェクトから生じるキャッシュフローや産出物価格は確定的，もしくは，それらの不確実性を考えたとしても期待値を用いて計算される．将来に得られるキャッシュフローを現在価値に割り引いた値の総和であるプロジェクト価値から投資コストを差し引いたものを評価指標として，それが正の値になれば投資を行い，負の値になれば投資を行わないとの判断を下すものである．本章の NPV 法による評価においては，将来の電力価格は期待値として計算するため，式 (7.1) における電力価格の期待値 $\mathbb{E}[P_t]$ は，以下のように導出される[*4)].

$$\mathbb{E}[P_t] = p e^{\mu t} \tag{7.2}$$

[*3)] 7.7 節では，送電施設の設置や電力市場における社会的余剰を考えるため，市場価格を逆需要関数で表し，その関数の変数である需要ショックが不確実であるとして問題を定式化する．

[*4)] 式 (7.2) の期待値の計算方法の詳細については，付録を参照せよ．

NPV 法による投資の意思決定は，以下の式によって判断される．

$$
\begin{aligned}
V_{npv}(p) &= \max\left(\int_0^{\infty} \mathrm{e}^{-\rho t}\alpha Q(p\mathrm{e}^{\mu t} - C)\mathrm{d}t - \xi q,\ \ 0\right) \\
&= \max\left(\frac{\alpha Q p}{\rho - \mu} - \frac{\alpha Q C}{\rho} - \xi q,\ \ 0\right)
\end{aligned}
\tag{7.3}
$$

ここで，ρ は割引率である．すなわち，電源の投資価値が正であれば投資を実施し，負であれば投資は実施しない (価値は 0) と判断する．また，現在価値が有限な値であることを保証するため $\rho - \mu > 0$ とする．NPV 法による投資決定判断の初期電力価格の水準は

$$
p_{npv} = \frac{\rho - \mu}{\alpha Q}\left(\frac{\alpha Q C}{\rho} + \xi q\right) = \frac{\rho - \mu}{\alpha}\left(\frac{\alpha C}{\rho} + \frac{\xi}{8760}\right) \tag{7.4}
$$

となる．投資決定を行う時点での電力価格 P_t の水準が p_{npv} 以上であれば，投資を実行し，p_{npv} より小さい場合は，投資を行わないと判断する．一般的に，割引率は**加重平均資本コスト** (weighted average cost of capital: WACC) を利用されることが多く [*5)]，その中に投資環境のリスクが含まれる．加重平均資本コストは

$$
\rho = w(r + \eta) + (1 - w)d \tag{7.5}
$$

と定義される．ここで，w は株式コストの割合，$r + \eta$ 株式コストを表しており，r は無リスク金利，η はリスクプレミアム，d は負債コストである．式 (7.5) のとおり，リスクプレミアムが高い場合，加重平均資本コスト，すなわち，割引率も大きくなることがわかる．ρ に関する投資の閾値の性質は

$$
\frac{\partial p_{npv}}{\partial \rho} = \frac{\mu C}{\rho^2} + \frac{\xi}{8760\alpha} > 0
$$

となり，電源投資のリスクが大きくなるにしたがい，投資の閾値は大きくなる．すなわち，リスクが大きい投資プロジェクトは，投資を避ける傾向になることがわかる．一方，正味現在価値が 0 以上のとき，ρ に関する電源投資の価値に対する性質は

$$
\frac{\partial V_{npv}(p)}{\partial \rho} = -\frac{\alpha Q p}{(\rho - \mu)^2} + \frac{\alpha Q C}{\rho^2} < 0
$$

---

*5) 加重平均資本コストに関する詳細な説明や割引率への適用については，Brealey et al. (1994) を参照されたい．

表 7.1 電源コストデータ (IEA/NEA, 2015)

	燃料コスト (円/kWh)	O&M コスト (円/kWh)	設置コスト (万円/kW)
天然ガス火力	10.073	0.908	12.061
石炭火力	3.476	1.793	24.161
原子力	1.370	2.655	37.587

となり，リスクが大きくなるにしたがい価値は減少することになる *6)．すなわち，投資機会の減少は，リスク増大による電源投資の価値の減少から生じることを表している．

それでは，実際の電源のコストデータ (表 7.1) を用いて，天然ガス火力，石炭火力，原子力それぞれの，投資の閾値 p_{npv} を求める．それぞれのコストデータを式 (7.4) に代入する．ただし，C は燃料コストと O&M コストの合計であり，いずれの電源も稼働率は 80%とし，電力価格の期待変化率を 0%，割引率を 5%とする．天然ガス火力，石炭火力，原子力それぞれの投資の閾値は，11.84 円/kWh，6.99 円/kWh，6.71 円/kWh となる．本条件においては，原子力，石炭火力，天然ガス火力の順に，投資するインセンティブがあることがわかる．しかしながら，上記で示したように，リスクが含まれる割引率により投資の閾値は変化する．図 7.1 は，それぞれの電源の閾値に対する割引率の影響を示したものである．リスクが小さい，すなわち割引率が低い状況においては，原子力の設置投資が最も経済合理的である一方，割引率が高い場合は，原子力の閾値は，石炭火力よりも高くなり，天然ガス火力と近い値となることがわかる．これは，割引率が高いほど，将来の価値より現在の価値の方が重視されるため，最も設置費用の高い原子力においては，閾値が割引率に大きく影響することを示している．

7.3 リアルオプション理論による評価

本節では，第 5 章で紹介したリアルオプション理論を用いて，電力価格が不確実な状況下での電源設置投資の意思決定について考える．

---

*6) 式 (7.3) から，$-\frac{\alpha Qp}{\rho(\rho-\mu)}+\frac{\alpha QC}{\rho^2}<-\frac{\xi q}{\rho}<0$ となり，$\frac{\alpha Qp}{\rho(\rho-\mu)}<\frac{\alpha Qp}{(\rho-\mu)^2}$ から，$-\frac{\alpha Qp}{(\rho-\mu)^2}+\frac{\alpha QC}{\rho^2}<0$ となる．

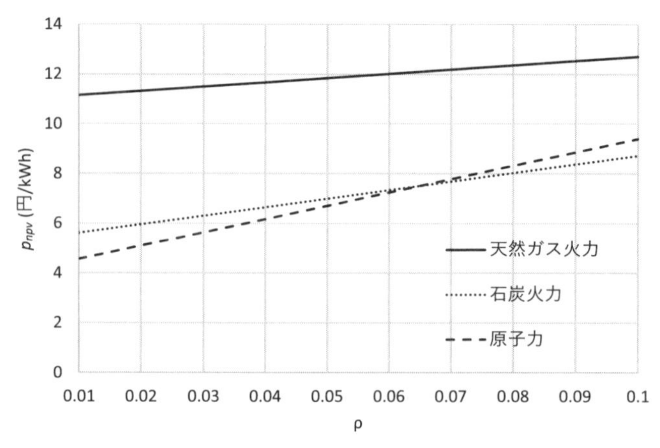

図 **7.1** 投資の閾値と割引率の関係

電源の設置投資後の売電から得られる収益の現在価値の総和は

$$\begin{aligned} V(p) &= \mathbb{E}\left[\int_0^\infty \mathrm{e}^{-\rho t}\alpha Q(P_t - C)\mathrm{d}t\right] - \xi q \\ &= \frac{\alpha Q p}{\rho - \mu} - \frac{\alpha Q C}{\rho} - \xi q \end{aligned} \tag{7.6}$$

となる．投資オプション価値 $F(p)$ が満たす微分方程式は，式 (5.26) 同様，Bellman 方程式より，以下のように導出される．

$$\frac{1}{2}\sigma x^2 F''(p) + \mu x F'(p) - \rho F(p) = 0 \tag{7.7}$$

ただし，$F'(p) = \frac{\mathrm{d}F(p)}{\mathrm{d}p}$，$F''(p) = \frac{\mathrm{d}^2 F(p)}{\mathrm{d}p^2}$ である．式 (7.7) の一般解は

$$F(p) = a_1 p^{\beta_1} + a_2 p^{\beta_2} \tag{7.8}$$

となる．ここで, a_1, a_2 は未知定数, β_1, β_2 はそれぞれ, $\frac{1}{2}\sigma^2\beta(\beta-1)+\mu\beta-r=0$ の正，負の根を表しており

$$\beta_1 = \frac{1}{2} - \frac{\mu}{\sigma^2} + \sqrt{\left(\frac{\mu}{\sigma^2} - \frac{1}{2}\right)^2 + \frac{2\rho}{\sigma^2}} > 1,$$

$$\beta_2 = \frac{1}{2} - \frac{\mu}{\sigma^2} - \sqrt{\left(\frac{\mu}{\sigma^2} - \frac{1}{2}\right)^2 + \frac{2\rho}{\sigma^2}} < 0$$

である．p^* を投資の閾値とすると，式 (7.6) と式 (7.8) に対する境界条件は以

下のとおりである．

$$\begin{cases} F(0) = 0 \\ F(p^*) = V(p^*) \\ F'(p^*) = V'(p^*) \end{cases} \tag{7.9}$$

第 1 の条件式は，p の水準が 0 に近づけば，投資オプション価値は 0 になることを表している．この条件式より，式 (7.8) の a_2 は 0 となる．第 2 と第 3 の条件式は，value-matching，smooth-pasting 条件を表している．これらの条件式から

$$a_1 = \frac{\alpha Q {p^*}^{1-\beta_1}}{\beta_1(\rho - \mu)}$$

$$p^* = \frac{\beta_1}{\beta_1 - 1} \frac{\rho - \mu}{\alpha} \left(\frac{\alpha C}{\rho} + \frac{\xi}{8760} \right) \tag{7.10}$$

が導出される．式 (7.10) と NPV 法による投資の閾値 (7.4) の関係は $p^* = \frac{\beta_1}{\beta_1 - 1} p_{npv}$ であり，$\frac{\beta_1}{\beta_1 - 1} > 1$ であることから，$p_{npv} < p^*$ となることがわかる．すなわち，NPV 法による判断と比較して，投資オプションを考慮すると，投資の決定をより遅らせることがわかる．これは，投資の機会費用を増加させ投資を延期することの価値が増大するからである．

表 7.1 の電源のコストデータを用いて，数値例を示す．ただし，電力価格の期

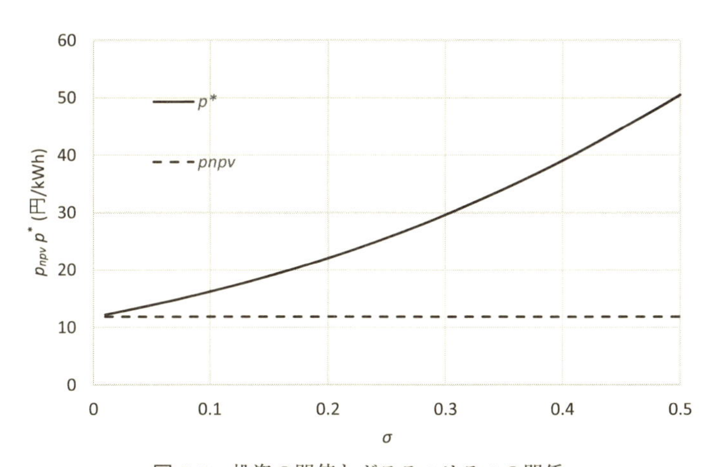

図 7.2　投資の閾値とボラティリティの関係

待変化率 μ を 0，割引率 ρ を 5%，稼働率 α を 80%，発電容量 q を 100 万 kW として計算する．図 7.2 は，天然ガス火力電源の設置に関して，投資の閾値 p_{npv}，p^* に対する電力価格のボラティリティ σ の影響を示している．p_{npv} は σ によらず一定の値 11.84 円/kWh である一方 [*7)]，p^* は σ が小さいときは p_{npv} とほとんど変わらない値であるが ($\sigma = 0.01$ のとき，$p^* = 12.22$ 円/kWh)，σ が大きくなるにしたがい増加し，p_{npv} との差が大きくなることがわかる ($\sigma = 0.5$ のとき，$p^* = 50.51$ 円/kWh)．すなわち，将来の不確実な因子である電力価格のボラティリティが小さいときは，従来の評価法とリアルオプションによる分析は，投資の意思決定に対し，ほとんど変わらない判断をするが，ボラティリティが大きいときは，その判断に大きな違いが生じることがわかる．例えば，$\sigma = 0.3$ の場合において，電力価格が 10 円/kWh のときは，従来の評価法においては投資は実施しないと判断し，リアルオプション理論による評価においては投資を延期すると判断する．また，価格が 20 円/kWh のときは，従来法では投資を実施すると判断するが，リアルオプションでは，延期すると判断する．さらに，価格が 35 円/kWh のときは，いずれの評価法も投資を実施すると判断する．

図 7.3 は，初期電力価格 p が 12 円/kWh のときの天然ガス火力電源の投資価値について，NPV 法は式 (7.3)，リアルオプション理論による評価法は $F(p) = a_1 p^{\beta_1}$ においてボラティリティ σ の影響を示したものである．NPV 法による投資の価値は，σ によらず一定の値 221 億円となる一方，リアルオプション理論による評価法では，σ とともに増加することがわかる．例えば，リアルオプションによる評価法での投資価値は，$\sigma = 0.01$ のとき，295 億円となり従来法の値とほとんど変わらないことがわかるが，$\sigma = 0.2$ のときは，3848 億円まで増加する．それぞれの評価法における価値の差が，オプション価値，もしくは，投資意思決定の柔軟性の価値を表している．電力価格のボラティリティ

[*7)] 前述のとおり，従来の NPV 法による評価においては，将来の不確実性やリスクをすべて割引率に含めるため，現実的な分析では，リアルオプション分析における割引率は，NPV 法とは異なり，より小さい値が用いられると考える．また，NPV 法の割引率には，電力価格のリスク，すなわちボラティリティも含まれているため，現実的な分析においては，p_{npv} も σ とともに増加するものと考えられる．

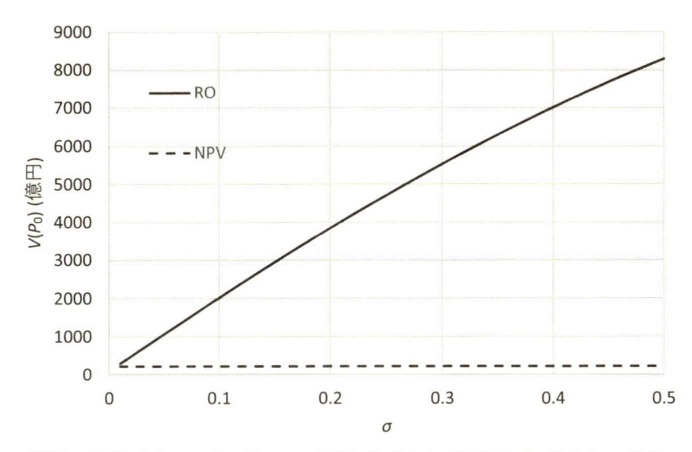

図 7.3　電源の価値 (リアルオプション価値 (RO) と NPV) とボラティリティの関係

が高くなれば，投資を延期するインセンティブが増し，より高い価格水準で投資を実施するように判断をするため，電源設置の投資後の操業から得られる収益が高くなり，投資価値が大きい値となるのである．

7.4　稼働率と計画停止

従来のリアルオプションモデル，特に，電源の投資評価モデルにおいては，電源の稼働率は前節のように，一定の値 α を用いるか，もしくは，年間の発電電力量に稼働率を織り込んだ形で設定する [*8]．ベースロード電源のような毎期フル稼働している電源の稼動停止についてはおもに，安全の確保，信頼性の向上を目的とした定期検査があげられる．定期検査は，ほとんど計画的な停止であることから，操業と停止がほぼ周期的なものとなる．そこで，本節では，電源の計画的な停止についてモデル化し，稼働率を一定の値として設定している前節のモデルの計算結果と比較を行う．

操業期間を T_o，停止期間を T_s として，図 7.4 のように，周期的に操業と停止が繰り返されるとする．このときの年間の平均稼働率は $\frac{T_o}{T_o+T_s}$ となる．本モ

[*8] 前述のとおり，本章では，フル稼働したときの年間の発電電力量を Q kWh とし，稼働率が α のときの年間の平均発電電力量は αQ kWh であるとしている．

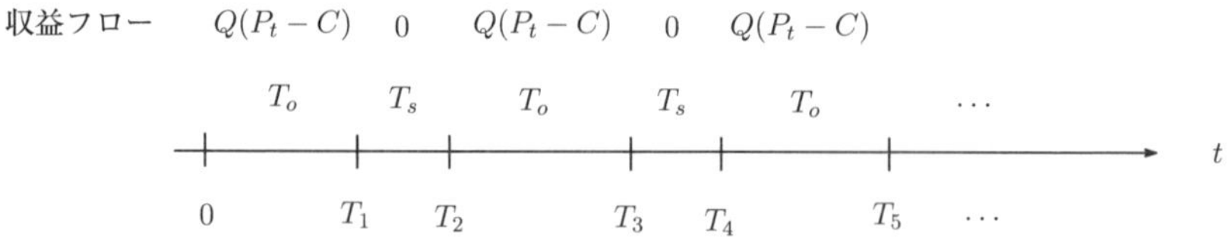

収益フロー　$Q(P_t - C)$　0　$Q(P_t - C)$　0　$Q(P_t - C)$

T_o　T_s　T_o　T_s　T_o　$\cdots$

t

0　T_1　T_2　T_3　T_4　T_5　$\cdots$

図 7.4　計画停止モデル

デルでは，停止期間における電源のメンテナンスや点検にかかる費用は操業時の変動費と比較し小さいものであることから 0 とする．このとき，投資後の価値は以下のように導出される [*9]．

$$
\begin{aligned}
\hat{V}(p) =& \mathbb{E}\left[\int_0^{T_1} \mathrm{e}^{-\rho t} Q(P_t - C)\mathrm{d}t + \int_{T_1}^{T_2} \mathrm{e}^{-\rho t} 0 \mathrm{d}t \right.\\
&\left. + \int_{T_2}^{T_3} \mathrm{e}^{-\rho t} Q(P_t - C)\mathrm{d}t + \cdots \right] - \xi q \\
=& \mathbb{E}\left[\sum_{t=0}^{\infty} \int_{T_{2n}}^{T_{2n+1}} \mathrm{e}^{-\rho t} Q(P_t - C)\mathrm{d}t\right] - \xi q \\
=& \sum_{t=0}^{\infty}\left[\left\{\mathrm{e}^{-(\rho-\mu)(T_o+T_s)}\right\}^t \frac{Qp\left\{1 - \mathrm{e}^{-(\rho-\mu)T_o}\right\}}{\rho - \mu}\right] \\
&- \quad \sum_{t=0}^{\infty}\left[\left\{\mathrm{e}^{-\rho(T_o+T_s)}\right\}^t \frac{C\left\{1 - \mathrm{e}^{-\rho T_o}\right\}}{\rho - \mu}\right] - \xi q \\
=& \frac{1 - \mathrm{e}^{-(\rho-\mu)T_o}}{1 - \mathrm{e}^{-(\rho-\mu)(T_o+T_s)}} \frac{Qp}{\rho - \mu} - \frac{1 - \mathrm{e}^{-\rho T_o}}{1 - \mathrm{e}^{-\rho(T_o+T_s)}} \frac{QC}{\rho} - \xi q \\
=& \frac{\hat{\alpha_1} Qp}{\rho - \mu} - \frac{\hat{\alpha_2} QC}{\rho} - \xi q
\end{aligned} \tag{7.11}
$$

ただし，$T_0 = 0$，$T_{2n+1} - T_{2n} = T_o$，$T_{2n+2} - T_{2n+1} = T_s (n = 0, 1, 2, \cdots)$ である．投資オプションの価値 (7.8) と投資後の価値 (7.11) を境界条件 (7.9) に代入すると，

[*9] 投資後の電源操業期間において，収益フローの水準に応じて操業停止を実施することや，操業後の廃止措置の意思決定を考えるときは，投資後の操業の価値は式 (7.11) のような解析的な形は得られず，数値的に計算する必要がある．

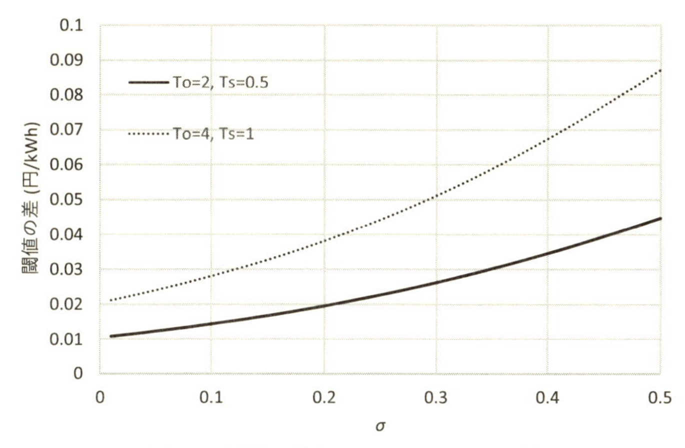

図 **7.5**　閾値の差とボラティリティの関係

$$\hat{a_1} = \frac{\hat{\alpha_1} Q {p^*}^{1-\beta_1}}{\beta_1(\rho - \mu)}$$

$$\hat{p^*} = \frac{\beta_1}{\beta_1 - 1} \frac{\rho - \mu}{\hat{\alpha_1}} \left(\frac{\hat{\alpha_2} C}{\rho} + \frac{\xi}{8760} \right) \tag{7.12}$$

が得られる．ただし，本節のモデルにおいては，式 (7.8) における a_1 を $\hat{a_1}$ とする．

稼働率を定数としている前節のモデルとの比較を行うために数値例を示す．天然ガス火力の電源設置投資問題について，$T_o = 2$ 年，$T_s = 0.5$ 年と $T_o = 4$ 年，$T_s = 1$ 年といずれも平均稼働率 α が 80%のケースについて計算する．図 7.5 は，稼働率を定数としたときのモデルの閾値 p^* と本節のモデルの閾値 (7.12) との差を示している．その差がいずれの場合も正であることから，稼働率を定数としたときのモデルの閾値の方が大きいことを示しており，定数で考えた場合，投資の意思決定の判断が過小評価されていることがわかる．また，操業期間 (停止期間) の比較においては，$T_o = 4$ 年，$T_s = 1$ 年との差がより大きいことがわかる．すなわち，操業期間 (停止期間) が比較的長いときの方が，閾値は，より小さくなることがわかる．これは，現在価値を考えたときに，現時点に近い時点において，より長い時間操業することで，より高い収益の現在価値を得ることができるからである．さらに，閾値の差が σ とともに大きくなるこ

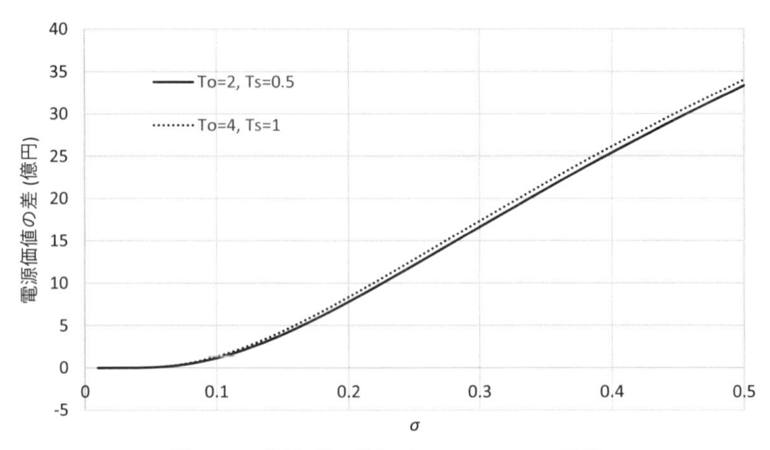

図 **7.6**　電源価値の差とボラティリティの関係

とが示されており，不確実性が高いほど，それぞれのモデルでの投資判断に違いが出てくることがわかる．

投資価値についても同様のことがいえる．図 7.6 は，初期電力価格 p が 5 円/kWh のとき，本節のモデルと稼働率を定数としている前節のモデルのオプション価値の差を示している．すべての場合において正の値を示していることから，本節のモデルの投資価値の方が大きいことを表している．特に，操業期間が長いときの方が，より高い値を示している．これは，閾値の結果と同様，収益の現在価値の影響により高い投資価値が得られているのである．閾値の差は，0.01–0.1 円/kWh と比較的小さい値であるが，価値の比較において，σ が大きい場合は，その差が数 10 億円となり無視することができない値であることがわかる．以上より，電力市場価格のボラティリティが高い場合においては，計画的な停止の稼働率については，本節のようにモデル化をすることが望ましいことがわかる．

7.5　計 画 外 停 止

前節では，電源を定期検査等により計画的に停止をするような状況を考えたが，実際には，そのような計画的な停止のみならず，機器の故障や規制等による計画外に停止が必要となる状況も考えられる *10). そこで本節では, Siddiqui and Takashima (2017) に基づいた計画外停止のリアルオプションモデルを用いて, 操業期間と停止期間が不確実な状況を考える.

前節のモデルと同様に, 操業期間の収益フローは $Q\,(P_t - C)$ とし, 停止期間は 0 とする. 操業と停止のそれぞれの状態への遷移はポアソン過程にしたがうと仮定する. 電源が操業している状態にあるとき, 微小期間 dt において停止する確率を $\lambda_1 dt$ とする. その一方, 停止している状態にあるとき, 微小期間 dt において操業を開始する確率を $\lambda_2 dt$ とする. $\frac{1}{\lambda_1}$ は, 操業が開始してから停止までの期待操業期間であり, $\frac{1}{\lambda_2}$ は, 停止してから操業開始までの期待停止期間である. すなわち, 平均稼働率は $\frac{\frac{1}{\lambda_1}}{\frac{1}{\lambda_1}+\frac{1}{\lambda_2}} = \frac{\lambda_2}{\lambda_1+\lambda_2}$ となる. 操業期間, 停止期間の価値関数をそれぞれ $\bar{V_1}(p)$, $\bar{V_2}(p)$ とすると, 各々の関数が満たす微分方程式は以下のとおりである.

$$
\begin{aligned}
&\frac{1}{2}\sigma p^2 \bar{V_1}''(p) + \mu p \bar{V_1}'(p) - \rho \bar{V_1}(p) + Q(p - C) \\
&\qquad\qquad\qquad + \lambda_1(\bar{V_2}(p) - \bar{V_1}(p)) = 0 \qquad (7.13) \\
&\frac{1}{2}\sigma p^2 \bar{V_2}''(p) + \mu p \bar{V_2}'(p) - \rho \bar{V_2}(p) + \lambda_2(\bar{V_1}(p) - \bar{V_2}(p)) = 0
\end{aligned}
$$

それぞれの価値関数 $\bar{V_1}(p)$, $\bar{V_2}(p)$ は, オプション価値を有しないため

$$
\bar{V_i}(p) = b_i p + c_i \ (i = 1, 2) \qquad (7.14)
$$

のような線形関数となることが考えられ, 式 (7.14) を式 (7.13) に代入すると

$$
\begin{aligned}
b_1 &= \frac{(\rho + \lambda_2 - \mu)Q}{(\rho + \lambda_1 - \mu)(\rho + \lambda_2 - \mu) - \lambda_1\lambda_2}, \\
b_2 &= \frac{\lambda_2 Q}{(\rho + \lambda_1 - \mu)(\rho + \lambda_2 - \mu) - \lambda_1\lambda_2}, \\
c_1 &= -\frac{(\rho + \lambda_2)QC}{(\rho + \lambda_1)(\rho + \lambda_2) - \lambda_1\lambda_2}, \\
c_2 &= -\frac{\lambda_2 QC}{(\rho + \lambda_1)(\rho + \lambda_2) - \lambda_1\lambda_2}
\end{aligned}
$$

*10) 本書では紙幅の制約により, 再生可能エネルギー電源の設置投資問題については考えないが, 太陽光や風力等, 天候に依存する電源は発電を人的に制御することができないことから, これらの電源も操業期間と停止期間は不確実である.

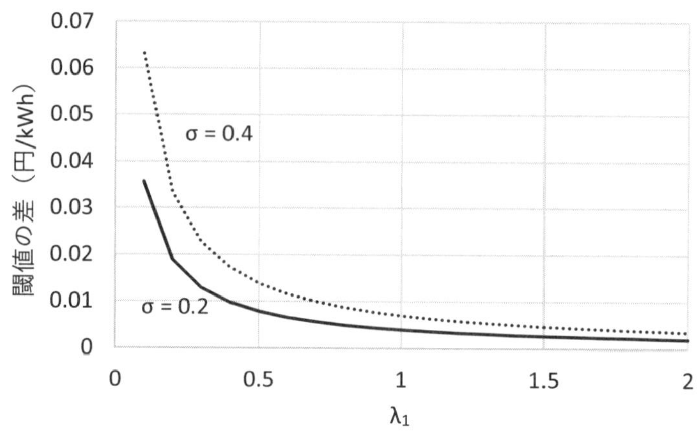

図 **7.7**　閾値の差と操業確率の関係

が得られる．電源を設置後すぐに操業の状態にあると仮定すると，投資オプションの価値 (7.8) と投資後の価値 $V_1(p) - \xi q = b_1 p + c_1 - \xi q$ を境界条件 (7.9) に代入すると，

$$\bar{a_1} = \frac{b_1 \bar{p^*}^{1-\beta_1}}{\beta_1}$$

$$\bar{p^*} = \frac{\beta_1}{\beta_1 - 1} \frac{1}{b_1} (\xi q - c_1) \tag{7.15}$$

が得られる．ただし，本節のモデルにおいては，式 (7.8) における a_1 を $\bar{a_1}$ とする．

7.3 節の平均稼働率のモデルと 7.4 節の計画停止モデルそれぞれと比較するため，天然ガス火力電源の設置投資問題について数値例を示す．前節と同様に，平均稼働率を 80%として，任意 λ_1 に対し，$\lambda_2 = 4\lambda_1$ と設定する．図 7.7 は，平均稼働率のモデルの閾値 p^* と本節の計画外停止モデルの閾値 $\bar{p^*}$ との差を，λ_1 の影響について示したものである．いずれの λ_1 においても，この差が正の値であることから，p^* と比べ $\bar{p^*}$ の方が小さいことがわかる．これは，前節の計画停止モデルと同様に，操業における収益の総和に対する現在価値が平均稼働率モデルのそれより高いため，投資機会が増加するのである．また，λ_1 が小さい場合，すなわち，期待操業期間が長いときは，σ の影響は大きく，σ が高いほど平均稼働率モデルとの差が大きくなることがわかる．その一方，λ_1 が大き

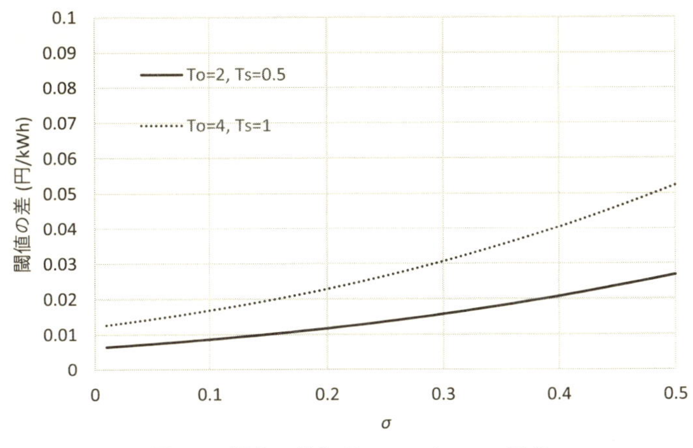

図 **7.8**　閾値の差とボラティリティの関係

いとき，すなわち，期待操業期間が短いときは，σ の影響が小さくなることが示されている．これらの結果から，投資の閾値に対し，本節の計画外停止モデルは，前節の計画停止モデルと同じような性質をもっていることがわかる．それでは，計画停止と計画外停止との違いである操業期間 (また，停止期間) が確率的であるか否かについて，結果の差はあるのだろうか．

図 7.8 は，計画外停止モデルの閾値 $\bar{p}^*$ と計画停止モデルの閾値 $\hat{p}^*$ との差をそれぞれの σ について示したものである．図 7.8 における結果から，いずれの σ や操業期間 T_o (または，λ_1) の場合においても $\bar{p}^*$ の方が大きいことがわかる．これは，計画外停止モデルでは，操業期間が不確実であるため，収益の総和の現在価値が低くなることから，投資機会が減少するのである．また，この影響は，T_o が短い，もしくは，λ_1 が大きいときに小さくなる．操業期間と停止期間が比較的短い状況では，それらの期間が確率的である影響が小さくなるのである．さらに，σ が大きくなるにしたがい，閾値の差は大きくなることが示されている．これは，電力価格の不確実性が大きいときは，電源の操業期間が確定的か確率的かで投資の意思決定に比較的大きく影響を及ぼすことを示唆している．

7.6 最適起動停止

これまでの節は，電源の売電収益によらず，操業と停止を繰り返すような状況を考えてきた．電力の供給義務が存在せず，経済性のみを追求し売電することが可能なときは，収益の水準に応じて電源を停止することが考えられる．そこで本節では，売電収益の水準により，電源を起動，停止するような問題を考える．モデルの簡便化のため，これまで同様，停止期間のコストは0とする．また，起動時や停止時にかかる固定コストは非常に小さく0であると仮定する．以上の設定より，$P_t - C \geq 0$ のときは電源を操業する状態とし，$P_t - C < 0$ のときは停止状態になるものとする (図 7.9)．すなわち，操業と停止のそれぞれの状態へ遷移する電力価格の水準は，$P_t = C$ であることを表している [*11)]．このとき，投資後の期待価値は

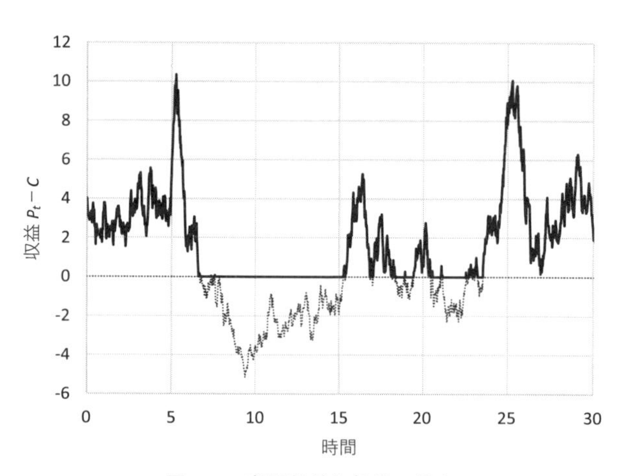

図 7.9　売電収益と起動・停止

*11) 起動と停止それぞれを実施するときに固定コストがかかる場合，操業と停止のそれぞれの関数は，Dixit and Pindyck (1994) における Entry and Exit モデルのように定式化される．この場合，停止と起動の閾値はそれぞれ，変動コスト C とは異なる値となり，停止の閾値は C より小さい値となり，起動の閾値は C より大きな値となる．すなわち，投資の意思決定同様，機会費用の影響により，起動，停止それぞれの意思決定を延期する傾向となる．

$$\tilde{V}(p) = \mathbb{E}\left[\int_0^\infty \mathrm{e}^{-\rho t} Q \max\{P_t - C,\ 0\}\, \mathrm{d}t\right] \tag{7.16}$$

となる．操業期間の価値関数を $\tilde{V_1}(p)$，停止期間の価値関数を $\tilde{V_2}(p)$ とすると，式 (7.16) は，以下のような式で表すことができる (Dixit and Pindyck, 1994).

$$\begin{aligned} \tilde{V_1}(p) &= dp^{\beta_2} + \frac{Qp}{\rho-\mu} - \frac{QC}{\rho},\ p \geq C \\ \tilde{V_2}(p) &= ep^{\beta_1},\ p < C \end{aligned} \tag{7.17}$$

ここで，d と e は未知定数である．それぞれの価値が $p = C$ において連続的であり，最適にそれぞれの状態に遷移することを表す以下の境界条件から

$$\begin{cases} \tilde{V_1}(C) = \tilde{V_2}(C) \\ \tilde{V_1}'(C) = \tilde{V_2}'(C) \end{cases}$$

となる．また，d と e は，以下のように導出される．

$$d = \frac{QC^{1-\beta_2}}{\beta_1 - \beta_2}\left(\frac{1-\beta_1}{\rho-\mu} + \frac{\beta_1}{\rho}\right)$$
$$e = \frac{QC^{1-\beta_1}}{\beta_1 - \beta_2}\left(\frac{1-\beta_2}{\rho-\mu} + \frac{\beta_2}{\rho}\right)$$

前節同様，電源の設置後は操業の状態にあると仮定し，投資オプションの価値 (7.8) と投資後の価値 $\tilde{V_1}(p) - \xi q$ を境界条件 (7.9) に代入すると，投資の閾値 $\tilde{p^*}$ が満たす方程式が導出される．

$$(\beta_1 - \beta_2)\frac{d}{Q}\tilde{p^*}^{\beta_2} + (\beta_1 - 1)\frac{\tilde{p^*}}{\rho-\mu} - \beta_1\left(\frac{C}{\rho} + \frac{\xi}{8760}\right) = 0 \tag{7.18}$$

式 (7.18) から解析的に $\tilde{p^*}$ を得ることはできず，数値的に求める必要がある．また，式 (7.8) における a_1 を本節のモデルにおいては $\tilde{a_1}$ とすると

$$\tilde{a_1} = \frac{\beta_2 d\tilde{p^*}^{\beta_2-\beta_1}}{\beta_1} + \frac{Q\tilde{p^*}^{1-\beta_1}}{\beta_1(\rho-\mu)}$$

が得られる．また，操業開始時の電力価格の初期水準を $\tilde{p^*}$ としたとき，幾何ブラウン運動にしたがう価格 P_t が任意の時間 s において，変動コスト C より高い水準にある確率は

$$\mathbb{P}(P_s \geq C) = \int_{y_c}^\infty \frac{1}{\sqrt{2\pi}}\mathrm{e}^{-y^2}\mathrm{d}y \tag{7.19}$$

である[*12)]．ここで，$y_c = \frac{\ln\left(\frac{C}{p^*}\right)-\left(\mu-\frac{\sigma^2}{2}\right)s}{\sigma\sqrt{s}}$ である．式 (7.19) より電源が設置されてから T 年までの平均稼働率は，以下の式により数値的に導出することができる．

$$\tilde{\alpha}(T) = \frac{1}{N}\sum_{i=1}^{N}\int_{y'_c}^{\infty}\frac{1}{\sqrt{2\pi}}\mathrm{e}^{-y^2}\mathrm{d}y \tag{7.20}$$

ここで，Δt は $\frac{T}{N}$ を表しており，$y'_c = \frac{\ln\left(\frac{C}{p^*}\right)-\left(\mu-\frac{\sigma^2}{2}\right)i\Delta t}{\sigma\sqrt{i\Delta t}}$ である．

天然ガス火力電源の設置投資問題について数値例を示す．図 7.10 は，本節の最適起動停止モデルの投資後の価値 (7.17) とキャッシュフローが負の値であっても電源を稼働率 100%で操業するときの価値を示している．本節のモデルの価値は，電力価格のボラティリティ σ に依存し，σ が大きいほど価値が大きくなることがわかる．また，キャッシュフローが負のときは電源を停止させ，かつ，停止時のコストフローは 0 であり，操業開始のオプション価値があるため，価値はすべての領域において正の値となっている．その一方，稼働率が 100%のときは，キャッシュフローの値によらず常に操業状態にあるため，$p < C = 10.98$

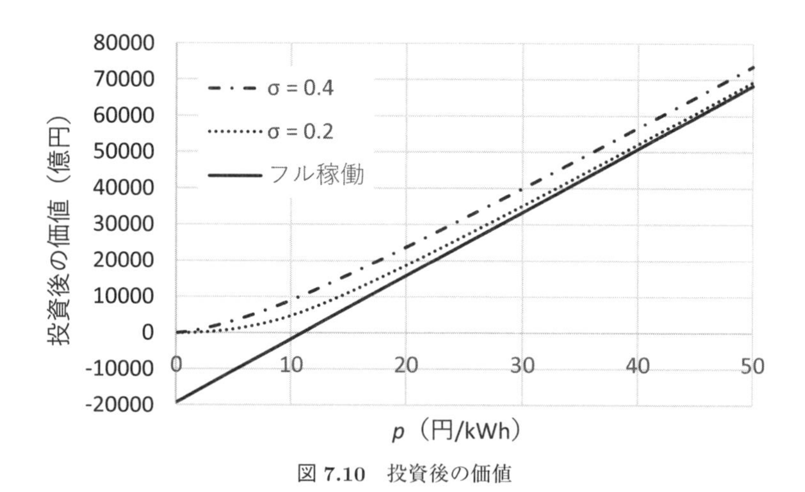

図 7.10　投資後の価値

*12)　他の章ではシナリオの発生確率を p とすることがあるが，本章では電力価格に p や P を用いていることに注意されたい．なお $\mathbb{P}(\cdot)$ は確率測度を表す．

円/kWh のときに負の値となる [*13)]．起動停止のある電源の方が価値が高くなる一方で，そのような電源の稼働率はどのような値になるのであろうか．

図 7.11 は，式 (7.20) より，それぞれの操業期間における平均稼働率を $\sigma = 0.2, 0.4$ に対して計算したものである．いずれの場合においても，操業期間の経過とともに，平均稼働率が減少することがわかる．この減少の程度は，μ や初期値である投資の閾値に依存する．たとえば，μ が正の値であることや，投資の閾値が C より比較的高いときは，減少が緩やかになる．また，σ が大きいほど，平均稼働率が低下することがわかる．これは，σ が高いときは，平均稼働率は下がる一方，操業時の電力価格が比較的高い値となる可能性があるため，価値自体はより高くなるものと考えられる．

図 7.12 は，操業と停止を最適に繰り返すときと稼働率 100%のそれぞれの状況における天然ガス火力電源の投資の閾値について σ の影響を示したものである．起動停止のある電源の方が稼働率 100%の場合より低い閾値となる．これは，最適に起動停止することが可能な電源の方が価値が高いため，投資を実施するインセンティブがより高くなることを意味している．一方，稼働率 100%の電源の投資の閾値が高い理由として，投資後の価値が比較的低い値であること

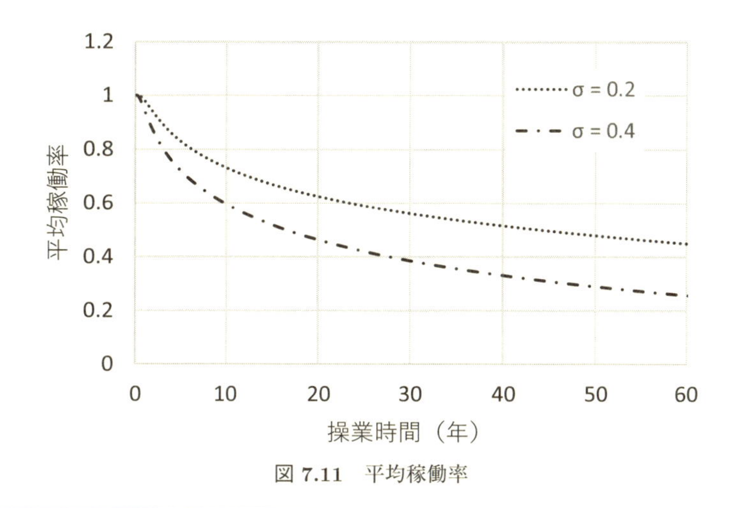

図 **7.11** 平均稼働率

*13) 本節の数値例においては，$\mu = 0$ としているため，$p < C$ のときに負の値となる．しかしながら，$\mu \neq 0$ のときは，$\frac{p}{\rho-\mu} - \frac{C}{\rho}$ から C の前後で価値の符号が変わる．

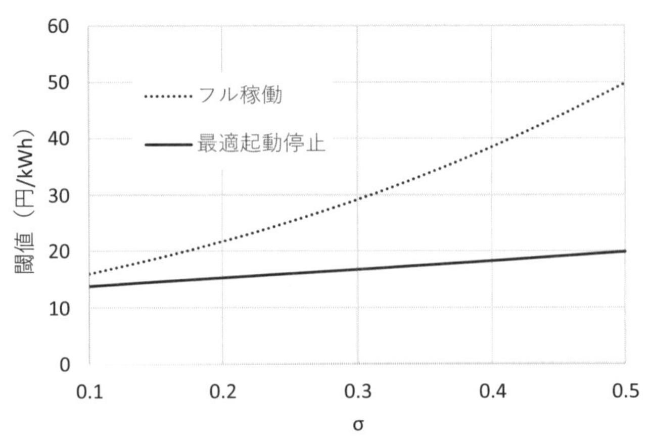

図 **7.12**　投資の閾値とボラティリティの関係

のみならず，図 7.11 の結果のように，初期値である投資の閾値を高くすることにより，電力価格が変動費を下回る，すなわち，キャッシュフローが負の値になる確率を下げることができるからである．また，σ が大きくなるにしたがい，それぞれの場合の閾値の差が大きくなることが示されている．これは，図 7.10 に示されているように，σ が大きいほど投資後の価値は増加するため，電源を設置するインセンティブがより高まることを示唆している．

7.7　電源と送電の投資問題

これまで，電源のみの設置に関する投資問題を考えてきた．これは，すでに需要地への送電設備が設置されている状況を考えており，電源を設置しさえすれば，その送電設備を介して売電収入が得られるということを意味している．しかしながら，実際のほとんどの場合において，新規電源設置の際は，発電事業者が電源設置の投資を実施する一方，送電事業者が送電設備の投資意思決定について考える．そこで本節では，電源と送電設備両方の設置を考えるような投資問題に関して，発電事業者と送電事業者それぞれの投資意思決定が，電力市場の社会的余剰にどのように影響を及ぼすのかについて分析する．

現時点において，発電容量 q_0 (kW) (年間の発電電力量は $Q_0 = q_0 \times 8760$

(kWh)) の電源と，同容量の送電設備がある．将来，発電容量を $q_1(> q_0)$ (kW) に拡大することを考えており，それに伴い送電設備の容量も拡大する．電源，送電設備の設置コストはそれぞれ，ξ，γ (円/kW) とする．発電事業社は，売電収益を最大化するように投資のタイミングを決定する一方で，送電事業者は，電力市場における社会的余剰を最大化するように投資のタイミングを決めるものとする．本節で考える電力市場には，一つの発電事業者しか存在せず，市場内での電力の余剰や不足の調整が不可能であるため，両事業者が設置を予定している設備の容量や設置のタイミングを合わせる必要がある．設置のタイミングについては，いずれかの事業者に合わせる必要があることから，本節では，いずれかの事業者にタイミングを合わせるような 2 つの場合について分析する (図 7.13).

電力価格は以下のような逆需要関数で表されるとする．

$$P_t(Q_t) = X_t(1 - \eta Q_t) \tag{7.21}$$

ここで，Q_t は需給量，η は需要関数の傾きを表している．式 (7.21) において価格が正であることを保証するため，$\eta < \frac{1}{Q_t}$ であるとする．また，X_t は外生的な需要ショックを表しており，以下の幾何ブラウン運動にしたがうと仮定する．

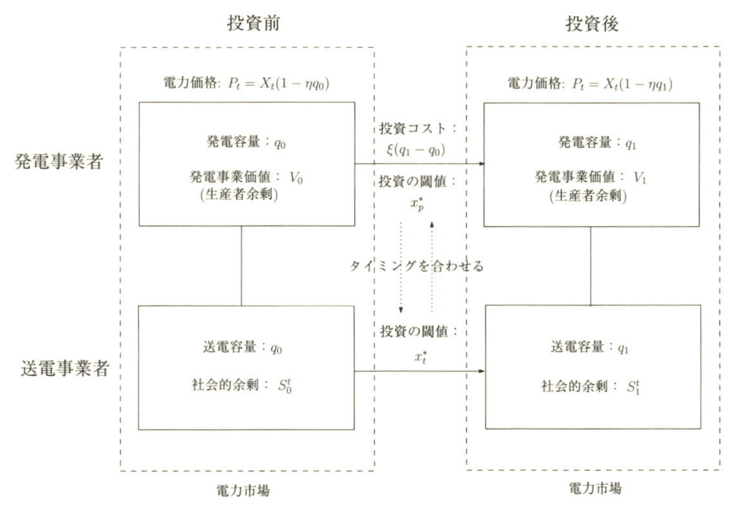

図 7.13　電源と送電設備の投資モデル

$$\mathrm{d}X_t = \mu X_t \mathrm{d}t + \sigma X_t \mathrm{d}W_t, \qquad X_0 = x$$

ここで，μ，σ はそれぞれ，需要ショックの期待変化率とボラティリティであり，W_t は標準ブラウン運動である．電源の容量拡張に関する投資後の発電事業者の価値は以下のように表せる．

$$\begin{aligned} V_1(x) &= \mathbb{E}\left[\int_0^\infty \mathrm{e}^{-\rho t} Q_1(P_t - C)\mathrm{d}t\right] - \xi(q_1 - q_0) \\ &= \frac{(1-\eta Q_1)Q_1 x}{\rho - \mu} - \frac{\alpha Q_1 C}{\rho} - \xi(q_1 - q_0) \end{aligned} \tag{7.22}$$

投資前の価値は，5.5.3 項のように Bellman 方程式より，以下のように導出される．

$$V_0(x) = a_p x^{\beta_1} + \frac{(1-\eta Q_0)Q_0 x}{\rho - \mu} - \frac{Q_0 C}{\rho} \tag{7.23}$$

ここで，右辺の 1 項目は容量拡大投資のオプション価値を表しており，a_p は未知定数である．2 項目と 3 項目は容量 q_0 のときの売電収益の総和の現在価値を表している．容量拡大投資後の社会的余剰の総和の現在価値は

$$\begin{aligned} &S_1^t(x) \\ &= \mathbb{E}\left[\int_0^\infty \mathrm{e}^{-\rho t}\left(\int_0^{Q_1} P_t(Q')\mathrm{d}Q' - Q_1 C\right)\mathrm{d}t\right] - \xi(q_1 - q_0) - \gamma(q_1 - q_0) \\ &= \frac{(2-\eta Q_1)Q_1 x}{2(\rho - \mu)} - \frac{Q_1 C}{\rho} - (\xi + \gamma)(q_1 - q_0) \end{aligned} \tag{7.24}$$

となる．投資前の社会的余剰は，発電事業者の価値と同様，Bellman 方程式より，以下のように導出される．

$$S_0^t(x) = a_t x^{\beta_1} + \frac{(2-\eta Q_0)Q_0 x}{2(\rho - \mu)} - \frac{Q_0 C}{\rho} \tag{7.25}$$

ここで，右辺の 1 項目は容量拡大投資のオプション価値を表しており，a_t は未知定数である．2 項目と 3 項目は容量 q_0 のときの社会的余剰の総和の現在価値を表している．本節のモデルでは，市場内に 1 つの発電事業者しか存在していないと設定しているため，発電事業者の価値そのものを電力市場の生産者余剰とみなすことができる．生産者余剰と消費者余剰との和が社会的余剰であることから，投資前後の消費者余剰は，以下のように表すことができる．

$$S_0^c(x) = S_0^t(x) - V_0(x) = \frac{\eta Q_0^2 x}{2(\rho - \mu)}$$
$$S_1^c(x) = S_1^t(x) - V_1(x) = \frac{\eta Q_1^2 x}{2(\rho - \mu)}$$

以上のそれぞれの価値関数より，発電事業，送電事業者それぞれが投資のタイミングを決定するような 2 つの場合を考える．発電事業が容量拡大の投資タイミングを決定するときの投資の閾値を x_p^* とすると，式 (7.22) と式 (7.23) に対する境界条件は以下のとおりである．

$$\begin{cases} V_0(x_p^*) = V_1(x_p^*) \\ V_0'(x_p^*) = V_1'(x_p^*) \end{cases} \tag{7.26}$$

式 (7.26) より投資の閾値 x_p^* と式 (7.23) の a_p は

$$x_p^* = \frac{\beta_1}{\beta_1 - 1}\frac{\rho - \mu}{f_1 - f_0}\left(\frac{(Q_1 - Q_0)C}{\rho} + \xi(q_1 - q_0)\right)$$
$$a_p = \frac{(f_1 - f_0){x_p^*}^{1-\beta_1}}{\beta_1(\rho - \mu)}$$

と導出される．ここで，$f_i = (1 - \eta Q_i)Q_i \ (i = 0, 1)$ である．それぞれの社会的余剰 (7.25) と (7.24) の境界条件は

$$S_0^t(x_p^*) = S_1^t(x_p^*)$$

であり，これより式 (7.25) の a_t は

$$a_t = \frac{(g_1 - g_0){x_p^*}^{1-\beta_1}}{\rho - \mu} - \left(\frac{(Q_1 - Q_0)C}{\rho} + (\xi + \gamma)(q_1 - q_0)\right){x_p^*}^{-\beta_1}$$

と求まる．ここで，$g_i = (1 - \frac{\eta}{2}Q_i)Q_i \ (i = 0, 1)$ である．

次に，送電事業者が容量拡大の投資タイミングを決定する状況を考える．そのときの投資の閾値を x_t^* とすると，式 (7.24) と式 (7.25) の境界条件は以下のとおりである．

$$\begin{cases} S_0^t(x_t^*) = S_1^t(x_t^*) \\ {S_0^t}'(x_t^*) = {S_1^t}'(x_t^*) \end{cases} \tag{7.27}$$

式 (7.27) より投資の閾値 x_t^* と式 (7.25) の a_t は

$$x_t^* = \frac{\beta_1}{\beta_1 - 1}\frac{\rho - \mu}{g_1 - g_0}\left(\frac{(Q_1 - Q_0)C}{\rho} + (\xi + \gamma)(q_1 - q_0)\right) \tag{7.28}$$

$$a_t = \frac{(g_1 - g_0){x_t^*}^{1-\beta_1}}{\beta_1(\rho - \mu)}$$

と導出される．それぞれの発電事業者の価値 (7.22) と (7.23) の境界条件は

$$V_0(x_t^*) = V_1(x_t^*)$$

であり，これより式 (7.23) の a_p は

$$a_p = \frac{(f_1 - f_0){x_t^*}^{1-\beta_1}}{\rho - \mu} - \left(\frac{(Q_1 - Q_0)C}{\rho} + \xi(q_1 - q_0)\right){x_t^*}^{-\beta_1}$$

と求まる．

現時点において，発電事業が容量 100 万 kW の天然ガス火力電源を有しており，将来，150 万 kW に拡張することを考えている．これに合わせて，送電線の容量も拡大するような問題について数値例を示す．年間の発電電力量の単位を 10 億円 kWh とすると，逆需要関数における η を 0.001 とする．送電線の設置コストは，電力広域的運用推進機関 (2016) のデータより，182 円/kW·km と見積もられ，本節では，300 km の送電線を想定し，送電設備の設置コストを 54600 円/kW とする．需要ショックの期待増加率 μ は 0，割引率 ρ は 5%とする．

図 7.14 は，送電設備を最適に設置したときの閾値 x_t^* と電源を最適に設置したときの閾値 x_p^* との差に関して，それぞれの σ について示したものである．基本ケースである送電設備設置費用 28800 円/kW のときは，その差が正であり，電源設置の閾値の方が小さいことを表している．送電設備を最適に設置する場合，発電事業者は投資のタイミングを遅らせることとなり，この影響は σ が高いほど，大きくなることがわかる．また，送電設備設置費用が 20000 円/kW まで低下したときは，閾値の差が負の値，すなわち，送電設備設置の閾値の方が小さくなることを示している．送電設備を最適に設置する場合，発電事業者は投資のタイミングを早めることとなる．

図 7.15 は，送電設備を最適に設置したときの状況において，$x = 5.0$ のときの社会的余剰，生産者余剰 (発電事業者の価値)，消費者余剰をそれぞれの σ に

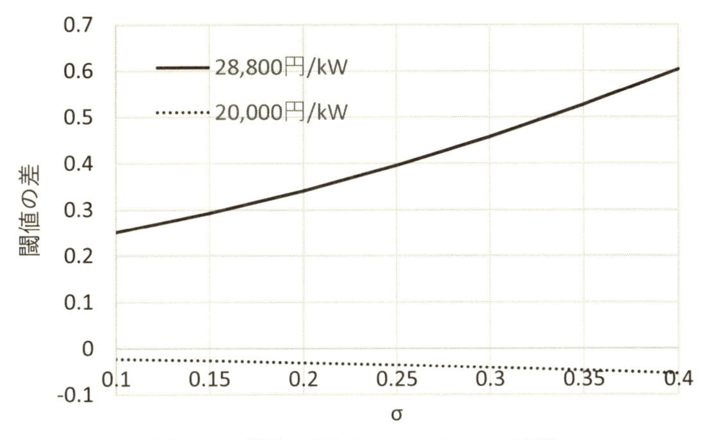

図 **7.14** 閾値の差とボラティリティの関係

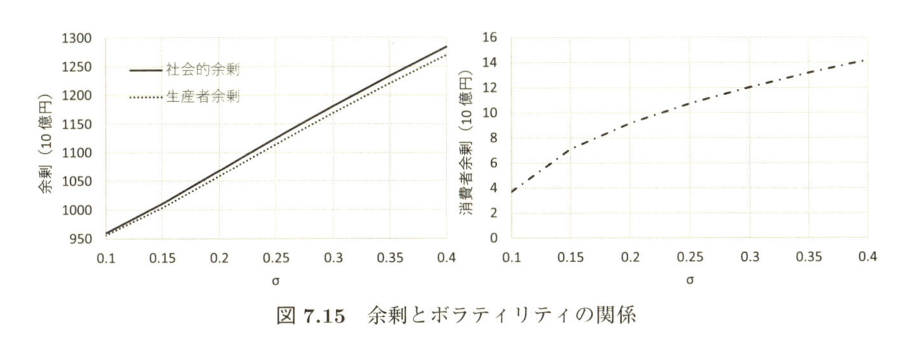

図 **7.15** 余剰とボラティリティの関係

ついて示している．いずれの余剰においても σ が高くなるほど，大きい値となることがわかる．特に，社会的余剰と生産者余剰との差，すなわち，消費者余剰は σ とともに増加していることがわかる．社会的余剰に対する消費者余剰が占める割合は，$\sigma = 0.1$ のときは 0.3%であることに対し，$\sigma = 0.4$ のときは 1.1%である．これは，σ が高い，すなわち，不確実性が大きいほど，生産者の余剰が消費者へと移行することを示唆している．

図 7.16 は，送電設備を最適に設置したときと電源を最適に設置したとき，それぞれの余剰の差を各々の σ について示したものである．送電設備の最適設置は，社会的余剰を最大化するように投資の意思決定を行うため，その余剰の差は正の値となる．その一方，生産者余剰の差については，送電設備の最適設置

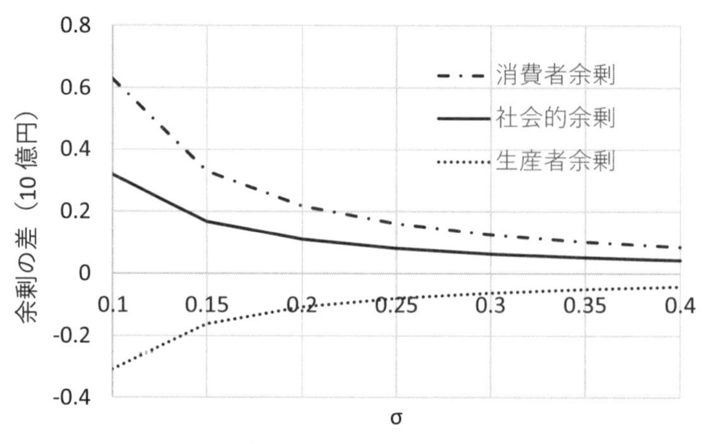

図 **7.16**　余剰の差とボラティリティの関係

の状況の方が，余剰が小さいため，負の値となることを示している．消費者余剰については，正の値を示しており，電源の最適設置において生産者の余剰がより高い値となり消費者への余剰が小さくなることを示している．いずれの余剰においてもその差は σ とともに減少することがわかる．すなわち，電力市場の社会的余剰の観点から，不確実性が高い状況においては，送電設備，電源それぞれの設置を重視する投資意思決定には比較的差がないことを示している．

演　習　問　題

問題 7.1　　7.5 節の計画外停止のある電源投資の閾値 (7.15) と期待操業期間の関係について明らかにせよ．すなわち，期待操業期間が短くなるにしたがい，閾値はどのように変化するかを示せ．

問題 7.2　　7.7 節における電源と送電投資のモデルを容量選択可能なモデルに拡張し，任意の x における容量を導出せよ．特に，電源投資においては投資後の発電事業者の価値 (7.22)，送電投資については社会的余剰 (7.24) を最大化するように，それぞれの容量を決定せよ．

CHAPTER

8 エネルギーサプライチェーンマネジメント

8.1 エネルギー資源の輸入に関する不確実性

日本は原油や天然ガスなどのエネルギー資源の多くを海外からの輸入に頼っている．たとえば，エネルギー白書2016によれば，2014年度に国内で供給された天然ガスのうち，97.8%が海外からの輸入であった．その輸出国は，オーストラリア，カタール，マレーシアをはじめとした20カ国となっている．日本は海に囲まれた島国であることから，これらはすべて液化天然ガス (liquefied natural gas: LNG) として船舶により輸送されている．

原子力発電所の再稼働が困難になっている状況下で，天然ガスは一次エネルギー国内供給に占める割合が高まっており，その安定供給は重要な政策課題となっている．

では，天然ガスをはじめとするエネルギー資源の輸入にはどのような不確実性が存在するのだろうか．ここでは，以下の3つの不確実性を取り上げる．

1）調達価格の不確実性
2）輸入量 (供給量) の不確実性
3）輸入時刻の不確実性

まず，1) の調達価格の不確実性には，資源価格そのものの変動に加えて，輸送費用の変動や外貨建て決済の場合の為替変動などが含まれている．資源の輸送に船舶を利用する場合，船舶の運航には燃料 (おもにC重油) が必要なことから，資源価格が高騰すると輸送費用も高くなり，変動の幅が大きくなる．資源価格や外国為替は需給に加えて投機的な動きの影響を受けることから，この不確実性の空間的な影響範囲は局所的ではなく世界的規模になり，その影響は短期から中・長期的に持続する．

次に，2) の輸入量の不確実性は，輸出国での生産量の変動やそれに伴う輸出量の変動が生じる可能性があることを意味している．また，地政学的な事案により供給途絶となる，あるいは船舶での輸送途中で海賊に遭遇し被害を受けることや海難事故が生じて航行ができなくなるなどの理由により，一部の輸送ができなくなるということも含まれている．この不確実性には地域性があることから，空間的な影響範囲は局所的に止まる．一方，時間的な影響範囲は，地政学的事案によるものであれば短期から中期に，海賊被害や海難事故の場合はその輸送のみになる．

最後の，3) 輸入時刻の不確実性は，想定した時刻に資源が届かずに，早着・遅延が発生する可能性があることを意味している．船舶による輸送では，自然環境の影響を受けるため，荒天の場合には航行が困難になる．錨泊するあるいは迂回するとしても，元々のスケジュールに余裕がなければ遅延が生じることになる．この不確実性にも地域性があり，空間的な影響範囲は局所的である．一方，時間的な影響範囲は，数日程度であり長期にわたって影響を受けることはほとんどない．

これらの不確実性への対策としては，

- 長期契約・商品先物取引
- 市場での資源調達
- 適正な在庫量の確保

などが考えられる．

調達価格の不確実性には，長期契約や商品先物取引などである程度の対策をとることが可能である．

輸入量の不確実性には，想定される需要量よりも多くの量を輸入する，あるいは不足した場合に，市場で資源をスポット調達するという対策が考えられる．

輸入時刻の不確実性には，影響が限定的であることから，適正な在庫量を常に確保しておくことで対応することができる．

ところで，輸入量の不確実性への対策としては，空間的な影響範囲が局所的であることから，資源の輸出国を多様化させ，地理的な分散を図るということも対策になりうる．実際，エネルギー白書 2016 でも，資源調達先の分散というのは重要な政策課題として取り上げられている．そこで，次節では最初に輸入量に不確実性がないという仮定のもとでの輸入量決定問題を定式化した後，不確実性を考慮できるようにモデルを拡張する．

8.2 不確実性を考慮した輸入量決定問題

8.2.1 確定的な輸入量決定問題

ある国は資源をいくつかの輸出国 i ($i = 1, 2, 3, ...$) から輸入することを計画している．輸出国 i から資源を 1 t 輸入するために必要なコスト (資源そのもののコストと輸入コストの和) を c_i とし，輸出国 i の供給可能量を s_i とする．そして，輸出国 i からの輸入量を x_i で表すとすれば，総輸入コストを最小にする輸入計画は

$$\min_{x_i} \sum_i c_i x_i \tag{8.1}$$

$$\text{s.t.} \quad \sum_i x_i = V \tag{8.2}$$

$$x_i \leq s_i, \qquad i = 1, 2, \ldots \tag{8.3}$$

$$0 \leq x_i, \qquad i = 1, 2, \ldots \tag{8.4}$$

で求めることができる．ここで V は輸入国での総需要を表す．この問題は数理計画ソルバーを利用しなくても簡単に解くことができ，輸入コスト c_i が小さい輸出国から順番に，その国の供給可能量 s_i を V になるまで足し上げる (最後の輸出国のみ s_i よりも輸入量が小さくなる可能性がある) という貪欲算法で解を得ることができる．

先ほどの問題では，総需要量の制約式 (8.2) と供給可能量の制約式 (8.3) がおもな制約となっていたが，輸送時間をはじめとする他の制約を加えることも可能である (その場合は数理計画ソルバーを利用して解を得ることになる)．

8.2.2　不確実性を考慮した輸入量決定問題

先ほどと同様に，ある国がいくつかの輸出国から資源を輸入することを考える．ただし，ここでは特定の輸出国から資源が輸入できなくなる状況が発生することを想定する．どの輸出国から輸入ができなくなるのか，さまざまなパターンが考えられるので，それぞれのパターンをシナリオ k ($k = 1, 2, 3, \ldots$) とよぶことにする．そして，シナリオ k の発生確率を p_k とし，シナリオ k において，輸出国 i からの輸入が成功するなら 1，そうでなければ 0 をとる定数 r_{ik} を準備する．

このとき，VaR の考え方を用いて，ある確率水準 $\alpha(\geq 0)$ のもとで，最悪でも確保できる輸入量 v を最大化する輸入計画を以下のように定式化することができる．

$$\max_{x_i, z_k, v} \ v \tag{8.5}$$

$$\text{s.t.} \quad \sum_k p_k z_k \leq 1 - \alpha \tag{8.6}$$

$$v - \sum_i r_{ik} x_i \leq M z_k, \qquad t = 1, 2, \ldots \tag{8.7}$$

$$\sum_i x_i = V \tag{8.8}$$

$$x_i \leq s_i, \qquad i = 1, 2, \ldots \tag{8.9}$$

$$0 \leq x_i, \qquad i = 1, 2, \ldots \tag{8.10}$$

$$z_k \in \{0, 1\}, \qquad k = 1, 2, \ldots \tag{8.11}$$

決定変数は，輸出国 i からの輸入量 x_i とシナリオ k の選択状況を表す z_k である．シナリオ k を選択するとき z_k が 1 となり，選択しないとき z_k は 0 となる．また，M は非常に大きな正の値とし (6.3.2 項の式 (6.11) 中の M 同様，Big-M である)，V はすべての輸出国からの輸入が成功したときの総輸入量を表している．

まず，制約式である式 (8.6) と式 (8.7) に着目する．式 (8.6) は確率水準に関する制約となっており，右辺が正の定数となることから，左辺にある決定変数 z_k をなるべく 0 とする力が働く．一方，式 (8.7) をみると，左辺はシナリオ k

における総輸入量が v を下回ったときに正となり，制約を満たすためには，このときに限り z_k を 1 とする必要があることがわかる (シナリオ k における総輸入量が v 以上のときは，z_k を 0 としても制約を満たす)．目的関数は v の最大化であることから，全体としては「v を大きくすると，式 (8.7) を満たすために z_k を 1 とする必要があるが，式 (8.6) を満たすためには z_k を 1 とできるシナリオには限りがある」ということがわかる．

再び式 (8.7) をみる．先ほど述べたように，式 (8.6) を満たすために，式 (8.7) の左辺を負にしたいとすれば，もう一つの変数である x_i を大きくするということが考えられる．そもそもの輸入量を多くすれば，最悪でも確保できる輸入量を多くすることができるのは当然である．そこで式 (8.8) により，総輸入量を一定に保つ制約を設けている．

ところで，先ほどの目的関数 (8.5) では確率 $1-\alpha$ 以下の状況のみを扱っていた．実際にはそれ以外の (確率 $1-\alpha$ より大きい) 状況も重要である．そこで，目的関数 (8.5) を

$$\max_{x_i, z_k, v} \beta v + (1-\beta) \sum_k p_k \sum_i r_{ik} x_i \tag{8.12}$$

に置き換えたモデルも考えられる．ここで，β は $0 \leq \beta \leq 1$ の値をとる所与の定数である．式 (8.12) の第 2 項は全シナリオを通じた期待輸入量となっており，式全体ではパラメータ β によるリスクと期待輸入量の線形和となっている．$\beta = 1$ とすれば式 (8.12) は式 (8.5) と同じになり，$\beta = 0$ とすれば単純な期待輸入量の最大化問題となる．したがって，式 (8.12) は式 (8.5) の自然な拡張となっていることがわかる．

さらに，先ほどの制約条件では，輸入コストに関する制約が含まれていなかったので，

$$\sum_i c_i x_i \leq C \tag{8.13}$$

という制約式を設けることも考えられる．ここで，C は許容できる最大の輸入コストを表している．

さて，式 (8.5) から式 (8.11) に示したモデルに対して，具体的な数値をあて

表 **8.1** パラメータの設定値

輸出国数	5
シナリオ数	32 (= 2^5)
総輸入量 V	100
輸出国の供給可能量 s_i	(一律) 50

表 **8.2** 計算結果

	計算例 1				計算例 2			
輸出国	成功率	$\alpha = 0.95$	$\alpha = 0.90$	$\alpha = 0.80$	成功率	$\alpha = 0.95$	$\alpha = 0.90$	$\alpha = 0.80$
A 国	0.8	25	20	25	0.9	33.333	33.333	50
B 国	0.8	25	20	25	0.9	33.333	33.333	50
C 国	0.8	25	20	25	0.8	33.333	33.333	0
D 国	0.8	25	20	25	0.7	0	0	0
E 国	0.8	0	20	0	0.7	0	0	0
v		50	60	75		66.667	66.667	100

はめてみよう．輸出国数を 5 とし，各輸出国からの輸送が成功／失敗するすべてのパターンである 2^5 通りのシナリオを用意する．それぞれのシナリオの発生確率は各輸出国に与える輸送成功率によって決定する．たとえば，すべての輸出国に対して輸送成功率 0.8 を与えた場合，すべての輸出国からの輸送が成功するシナリオの発生確率は $0.8^5 = 0.32768$ となる．同様に，ある 2 つの国からの輸送のみが成功し，他の国からの輸送が失敗するシナリオの発生確率は $0.8^2 \times (1 - 0.8)^3 = 0.00512$ となる．他のパラメータの設定値を表 8.1 にまとめる．

まず，すべての輸出国に対して輸入成功率 0.8 を与えた場合を見てみよう (表 8.2)．確率水準 α を 0.95，0.90，0.80 と変化させると，目的関数値 v は 50，60，75 と変化する．確率水準 α を小さくすることはリスクを許容することを意味するので，最悪の場合に確保できる輸入量は増加することになる．では，この目的関数値を実現するためにどのように輸入することになっているのだろうか．$\alpha = 0.95$ とした場合，5 つの輸出国のうち 4 つの輸出国からそれぞれ 25 ずつ輸入するという結果が得られた (対称性があるので，4 つの輸出国はどの国でもよい)．$\alpha = 0.90$ とした場合は，すべての輸出国から均等に 20 ずつ輸入するという結果になった．$\alpha = 0.80$ の場合は，$\alpha = 0.95$ の場合と同じ結果となった．このように，求める確率水準に応じて，輸出国と輸入量が変化する．

次に，A 国と B 国に対しては輸入成功率 0.9，C 国には輸入成功率 0.8，D 国と E 国には輸入成功率 0.7 を与えて，シナリオの発生確率を変化させる (その他の条件は同じとする)．先ほどと同様に，確率水準 α を 0.95，0.90，0.80 と変化させると，目的関数値 v は 66.667，66.667，100 と変化する．先ほどの例と比べると，目的関数値はそれぞれの確率水準のもとで大きくなっていることがわかる．輸出国と輸入量の組合せは，$\alpha = 0.95$ と $\alpha = 0.90$ で同じで，A 国，B 国，C 国から 33.333 ずつ輸入する (D 国，E 国からは輸入しない) というものであった．$\alpha = 0.80$ の場合は，A 国と B 国から 50 ずつ輸入するという結果であった．輸出国ごとに輸入成功率に差がある場合，輸入成功率の高い国を選んで輸入していることがわかる．しかし，確率水準 α を 0.9 以上にした場合には，輸入成功率の一番高い A 国と B 国のみならず，それらの国よりも輸入成功率が少し低い C 国からの輸入も行っている点に注目されたい．

全体として輸入リスクを減少するためには，かならずしも単独の国で見たときに輸入リスクが低い国からのみ輸入すればよいわけではないことがわかる．

8.2.3 輸入コストを最小化する輸入量決定問題

前項のモデルでは，総輸入量や最大輸入コストを所与とした制約のもとで，ある確率水準における最小輸入量や期待輸入量の最大化を図っていた．輸送する対象がエネルギー資源であることを考慮すると，最小輸入量が需要量を大幅に下回ることは許されないであろうし，なるべく輸入コストを抑えたいという要望もあるだろう．そこで，ある確率水準のもとで指定された量を確保し，輸入コストを最小とする輸出国とその国からの輸入量を決定する問題を考える．

$$\min_{x_i, z_k} \sum_i c_i x_i + \gamma \sum_k p_k \Big(\sum_i r_{ik} x_i - V \Big)^2 \tag{8.14}$$

$$\text{s.t.} \quad \sum_k p_k z_k \leq 1 - \alpha \tag{8.15}$$

$$V(1 - z_k) \leq \sum_i r_{ik} x_i, \qquad k = 1, 2, \ldots \tag{8.16}$$

$$x_i \leq s_i, \qquad i = 1, 2, \ldots \tag{8.17}$$

$$0 \leq x_i, \qquad i = 1, 2, \ldots \tag{8.18}$$

$$z_k \in \{0,1\}, \qquad k = 1,2,\ldots \tag{8.19}$$

ここで，目的関数 (8.14) における γ は非負のパラメータであり，V は輸入国での需要量を表している．

目的関数 (8.14) の第 1 項は輸入コストそのものを表している．第 2 項は輸入量の過不足に対するコストを表しており，輸入量が需要量 V から乖離するほど大きな値をとる．このコストは，輸入量が需要量 V を超過した際には在庫コストを表しているとみなし，逆に輸入量が需要量 V を下回った際には代替資源の調達コストを表しているとみなす．

式 (8.15) と式 (8.16) は確率水準に関する制約を表しており，需要量 V を下回る確率を $1-\alpha$ で抑えるという制約である．式 (8.17) は輸出国の供給可能量に関する制約となっている．

目的関数が決定変数 x_i の 2 次式となっており，制約式が線形式となっていることから，この問題は 2 次計画問題の一種となっている．

8.3 輸送手段決定問題

前節までは輸入量の不確実性に関して，特定の輸出国から資源が輸入できなくなる状況を想定していた．8.1 節でも述べたように，輸送途中に生じる不確実性により輸入量が減少する可能性もある．そこで本節では，輸送に関する不確実性を考慮し，輸出国とその国からの輸入量が与えられたときの最適な輸送手段を決定する問題を考える．ここで想定する輸送手段は船舶とパイプラインであり，“最適”とは輸送手段の整備コストと運用コストとを合わせた輸送コストが最小となるということである．船舶の整備コストは輸送船の建造コストを意味し，パイプラインの整備コストは敷設コストを意味している．したがって，この問題では，輸送手段を決定する過程で，船舶を何隻建造するのか，パイプラインを敷設するのかしないのかという輸送インフラへの投資の意思決定も同時に扱うことになる．なお，パイプラインの敷設候補位置は別途与えられるものと仮定する．

まず，輸送手段を表す輸送ネットワークを構築する．輸送ネットワークのノー

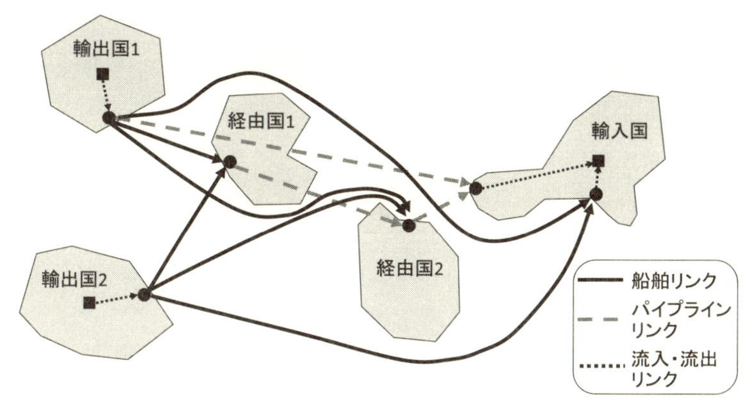

図 **8.1**　輸送ネットワーク

ドは，(1) 船舶輸送やパイプライン輸送の端点の集合 N_p，(2) 輸出国の代表点の集合 N_e，(3) 輸入国の代表点 h から構成される．これらのノードをまとめて，集合 N で表す．そして，輸送ネットワークのリンクは，(i) 港間を結ぶ船舶リンクの集合 L_s，(ii) パイプラインの端点を結ぶパイプライン (敷設候補) リンクの集合 L_p，(iii) 輸出入国の代表点とその国における各輸送手段の端点を結ぶ流入・流出リンクの集合 L_{io} から構成される．これらのリンクをまとめて，集合 L で表す．そして，各リンク $j \in L$ に対して，利用 1 回あたりのコスト b_j，単位輸送量 u_j，ノード $n \in N$ との接続関係を表す δ_{nj} を与える．ここで，δ_{nj} は，ノード n がリンク j の始点のとき 1，終点のとき -1，そうでないとき 0 をとる．また，船舶リンクに対しては輸送日数 t_j を，パイプラインリンクに対しては敷設コスト a_j を与える．

構築した輸送ネットワークを利用すると，それぞれの輸出国からの輸送経路を列挙することができる．ここでは列挙した輸送経路の集合を H とする．輸送経路には，輸出国と輸入国を船舶リンクあるいはパイプラインリンクで直接結ぶ経路や，経由国で輸送手段を船舶からパイプラインに切り替える経路などが存在する．たとえば，図 8.1 に示した輸送ネットワークの例では，輸出国 1 からは，(1) 船舶のみで輸送する経路，(2) パイプラインのみで輸送する経路，(3) 経由国 1 まで船舶で輸送した後，パイプラインで (経由国 2 を経由して) 輸送する経路，(4) 経由国 2 まで船舶で輸送した後，パイプラインで輸送する経路の 4 つの経路が存在している．

さて，8.1 節で述べたように，船舶による輸送では海賊や海難事故に遭遇する可能性があることから，リンクごとに輸送に失敗する確率を見積ることができる．一方，パイプラインによる輸送においても，テロ攻撃などによって輸送に失敗する可能性があり，同様にリンクごとに輸送失敗確率を与えることができる．ある輸送経路 k において，輸送に成功するのは，通過するすべてのリンク j で輸送に成功した場合であることから，リンクごとの輸送失敗確率 q_j を用いると，輸送経路 h の輸送失敗確率 Q_h は

$$Q_h = 1 - \prod_j (1 - \lambda_{hj} q_j) \tag{8.20}$$

と算出することができる．ここで，λ_{hj} は輸送経路 h にリンク j が含まれていれば 1，そうでなければ 0 をとるパラメータである．

そして，船舶一隻の建造コスト A，総輸入量に対する期待損失量の上限割合 $\alpha(\geq 0)$，船舶の 1 年間の稼働日数の上限 D と輸出国 i からの輸入量 X_i を与えた際に，船舶の建造隻数 c，パイプラインリンク j の敷設可否を表す y_j (敷設するとき 1，しないとき 0)，経路 h におけるリンク j の利用回数 f_{hj} を決定変数とした輸送コスト最小化問題を以下のように定義する．

$$\min_{e, y_j, f_{hj}} \quad Ae + \sum_{j \in L_p} a_j y_j + \sum_{j \in L} b_j \sum_{h \in H} f_{hj} \tag{8.21}$$

$$\text{s.t.} \quad X_i \leq \sum_{j \in L} \delta_{ij} u_j \sum_{h \in H} f_{hj}, \qquad \forall i \in N_e \tag{8.22}$$

$$\sum_{j \in L} \delta_{nj} u_j f_{hj} = 0, \qquad \forall h \in H, \forall n \in N_p \tag{8.23}$$

$$\sum_{j \in L_s} t_j \sum_{h \in H} f_{hj} \leq De \tag{8.24}$$

$$\sum_{h \in H} Q_h \left(\frac{\sum_{j \in L} u_j f_{hj}}{\sum_{j \in L} \lambda_{hj}} \right) \leq \alpha \sum_{i \in Ne} X_i \tag{8.25}$$

$$\sum_{h \in H} f_{hj} \leq M y_j, \qquad \forall j \in L_p \tag{8.26}$$

$$0 \leq f_{hj} \leq M \lambda_{hj}, \qquad \forall h \in H, \forall j \in L \tag{8.27}$$

$$0 \leq e \tag{8.28}$$

$$y_j \in \{0,1\}, \qquad \forall j \in L_p \tag{8.29}$$

ここで，式 (8.26) と式 (8.27) における M は Big-M である．

目的関数 (8.21) の第 1 項は船舶の建造費用，第 2 項はパイプラインの敷設費用を表しており，輸送インフラの整備費用に相当する．第 3 項はリンクごとの利用コストの総和を表しており，目的関数全体では輸送コストを表している．

制約式 (8.22) はそれぞれの輸出国からの輸入量をかならず輸送するというものである．等式制約でない理由は，リンク (船舶リンク) には単位輸送量が定められているからである．式 (8.23) は輸送経路上のノードにおける流量保存則を表しており，式 (8.24) は建造する船舶数と運航時間に関する制約を表している．式 (8.25) では，括弧内は輸送経路 h の輸送量を表しており，左辺全体では期待損失量を表している．一方，右辺は総輸入量に一定比率を乗じた値となっており，式全体では期待損失量に上限を設けることで輸送の不確実性に関する制約を表している．式 (8.26) はパイプラインが敷設されていなければ利用できないことを表し，式 (8.27) は輸送経路に含まれていないリンクは利用できないことを表す制約である．

モデルから得られる解において，パイプラインリンク j に対する決定変数 y_j が 1 となっていれば，そのパイプラインを敷設することになる．この構造を利用すると，既設のパイプラインが存在していた場合にもこのモデルを適用することができる．具体的には，既設のパイプラインも含めてパイプラインリンクの集合を用意し，既設のパイプライン j' に対しては敷設コスト $a_{j'} = 0$ を与え，決定変数 $y_{j'}$ に対して制約式 $y_{j'} = 1$ とすればよい．

さて，このモデルの入力データとなる船舶リンクの輸送日数や輸送コスト (建造コストを除く) は，リンクの距離に依存すると考えられる．リンクの距離は図 8.2 に示すデジタル海上航路ネットワークから算出することができる．

8.4 数値計算例

8.2.3 項の輸入コストを最小化する輸入量決定問題と 8.3 節の輸送手段決定問

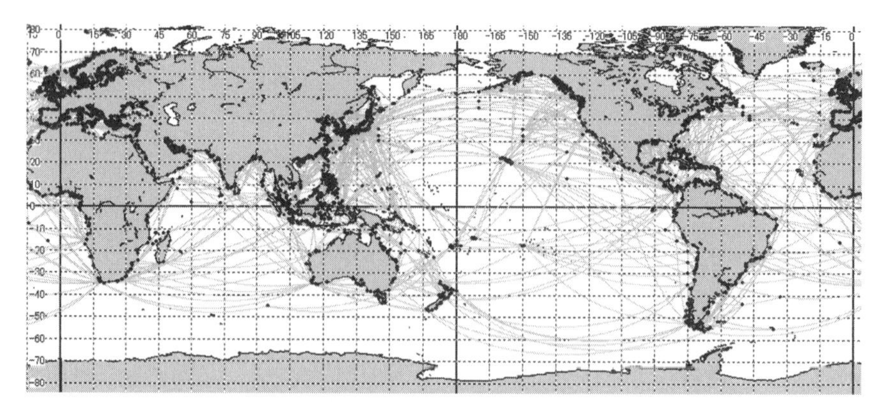

図 **8.2**　デジタル海上航路ネットワーク

題を組み合わせて，ある一年間における日本の天然ガス輸入を対象とした数値計算を行う (表 8.3)．最初に輸入量決定問題を解き，得られた輸出国と輸入量の組合せを入力として輸送手段決定問題を解き，最適な輸送手段を決定する．

まず，輸入量決定問題に関する前提条件は以下のとおりである．

1）輸出国は 2012 年に輸入実績のある 21 カ国とし，これらの国々を
　a）東南アジア 3 カ国
　b）中東 4 カ国
　c）その他 14 カ国
　の 3 つの地域に分類する．
2）21 カ国からの輸入の成功と失敗の組合せは 2^{21} 通り存在するが，簡単のために以下の 37 に絞り，これをシナリオとする．
　a）東南アジアの 1 カ国もしくは複数国から輸入できない (他の国からの輸入は成功) → 7 通り
　b）中東の 1 カ国もしくは複数国から輸入できない (他の国からの輸入は成功) → 15 通り
　c）その他 14 カ国の 1 カ国から輸入できない (他の国からの輸入は成功) → 14 通り
　d）すべての国から輸入できる→ 1 通り
3）シナリオ t の発生確率 p_t は，OECD カントリーリスク専門家会合で決め

表 8.3　輸入量決定問題のパラメータの設定値

地域	輸出国	リスクレベル	リスク確率	単位コスト c_i (千円)	供給可能量 s_i (千 t)
東南アジア	マレーシア	C	0.00375	73.6	29218
	ブルネイ	C	0.00500	72.9	11812
	インドネシア	D	0.00500	75.1	12328
中東	カタール	C	0.00375	71.8	31317
	オマーン	C	0.00375	48.9	7951
	UAE	D	0.00500	71.7	11073
	イエメン	H	0.01000	68.1	594
その他	ノルウェー	A	0.00125	64.8	812
	ベルギー	A	0.00125	74.1	262
	フランス	A	0.00125	71.7	127
	スペイン	A	0.00125	69.2	310
	ロシア	D	0.00500	59.5	16612
	アメリカ合衆国	A	0.00125	65.9	543
	トリニダード・トバゴ	C	0.00375	52.6	547
	ペルー	D	0.00500	68.1	1637
	ブラジル	D	0.00500	63.9	101
	アルジェリア	D	0.00500	70.6	330
	エジプト	F	0.00750	72.8	2073
	ナイジェリア	F	0.00750	66.9	9565
	赤道ギニア	H	0.01000	75.4	5586
	オーストラリア	A	0.00125	65.6	31829

られた 2012 年国カテゴリー表の 8 段階のレベル分けを元に，最上位 A ランクを 0.00125，最下位 H ランクを 0.01000 として 0.00125 刻みで定める．

4) 輸出国 i からの 1 t あたりの輸入コスト c_i は，2012 年貿易統計の天然ガスの資源調達費用を元に算出する．
5) 輸出国 i の供給可能量 s_i は 2012 年の輸入実績量の 2 倍とする．
6) 需要量 V は，輸送手段決定問題における期待損失量を加味して，2012 年の総輸入量の 1.01 倍とする．
7) $\gamma = 1$，$\alpha = 0.95$ とする．

上記条件のもとで，数理計画ソルバー CPLEX を利用して最適な輸出国と輸入量の組合せを求めた結果を図 8.3 に示す．

図 8.3 をみると，マレーシア，カタール，赤道ギニアからの輸入を減少させる一方で，オーストラリアとオマーンの輸入を増加させていることがわかる．

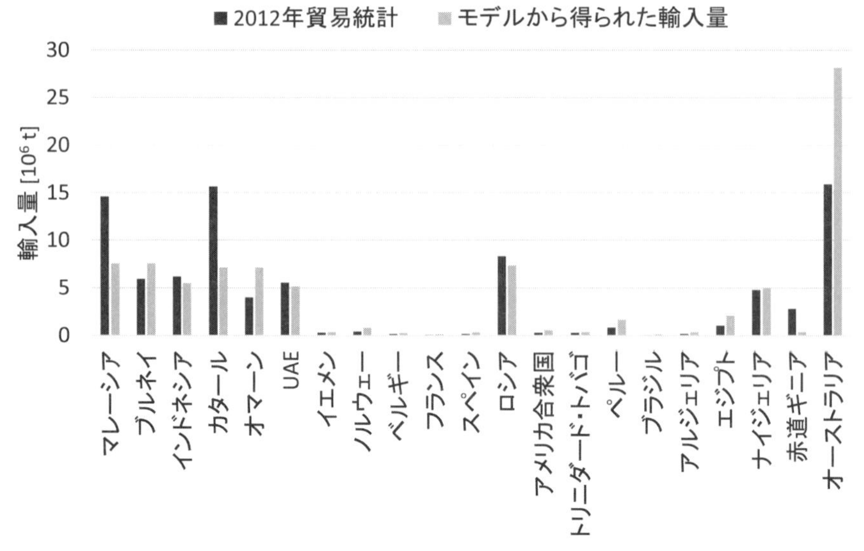

図 **8.3**　輸入量決定問題の最適解

オーストラリアはリスクの最も低い国であり，輸入を減少させた国はオーストラリアよりもリスクの高い国となっている．輸入を増加させたもう一つの国であるオマーンは，カタールとリスクレベルが同一であるが，同じ中東地域内での極端な偏りをなくすというために増加したものと考えられる．

すべての国からの輸入が成功したときの総輸入量 $\sum_i x_i$ と需要量 V とを比較すると，総輸入量のほうが需要量よりも 0.5%増加していることがわかった．つまり，95%の確率で需要量を確保するには，需要量よりも 0.5%多く輸入計画を立てなければならないということを意味している．

次に，先ほど得られた最適解を入力として輸送手段決定問題を解く．輸送手段決定問題に関する前提条件は以下のとおりである．

1) 船舶とパイプラインの耐用年数は 15 年とし，均等に償却すると考えて，1 年間あたりに換算した船舶の建造コスト A とパイプライン j の敷設コスト a_j を用いる．具体的には，船舶を 1 隻建造するには 200 億円かかるとし，これを耐用年数で除して $A = 13.33$ 億円 とする．パイプラインの敷設コストはその距離に比例すると仮定する．

2) 船舶の輸送日数は往復距離で算出し，それに加え，積み込みに 1 日，積み下ろしに 2 日かかるとする．
3) 船舶リンクの単位輸送量は 80000 t，パイプラインの単位輸送量は 1 t とする．
4) 船舶リンクの 1 航海あたりのコストは輸送距離に比例させた上で，液化・気化のコストを定額で加える．
5) 船舶の 1 年間の稼働日数は 250 日とする．
6) パイプラインの敷設候補位置は，「サハリン〜石狩」，「ヤンゴン〜上海」，「上海〜長崎」の 3 カ所とする．
7) パイプラインの利用コストは 100 円/t とする．
8) 輸送に失敗する事象は，船舶ではチョークポイントで海賊に遭遇する事象と海難事故に遭う事象を想定し，パイプラインではテロ攻撃を受ける事象や事故を想定する．具体的には，海賊の出没状況については国際海事局 (International Maritime Bureau) が公表しているデータを利用し，地域毎の発生件数と船舶の通航量を元に確率を算出する．海難事故確率は，輸送距離に基づく衝突事故発生確率に，重大事故となる確率を補正値として掛け合わせることで定義する．パイプラインの輸送失敗確率はパイプラインの延長に比例させる．
9) 期待損失量の上限割合 α は 0.01 とする．

上記条件のもとで，数理計画ソルバー CPLEX を利用して最適な輸送手段を求めた結果を図 8.4 に示す．

まず，パイプラインは「サハリン〜石狩」と「上海〜長崎」の 2 カ所を敷設するという結果になった．ロシアからの輸入には「サハリン〜石狩」パイプラインを 100%利用する．一方，船舶の建造数は 95 隻となり，オーストラリアと北米・南米からの輸入には船舶のみを利用する．それ以外の国からは，上海まで船舶で輸送し，上海からは「上海〜長崎」パイプラインを利用する．上海で折り返すことにより，必要となる船舶数を抑えていると考えられる．

本節では，輸入量の不確実性に関して，輸出国に起因する事象と輸送に起因する事象を想定し，輸入量決定問題と輸送手段決定問題を連続して解くことで，

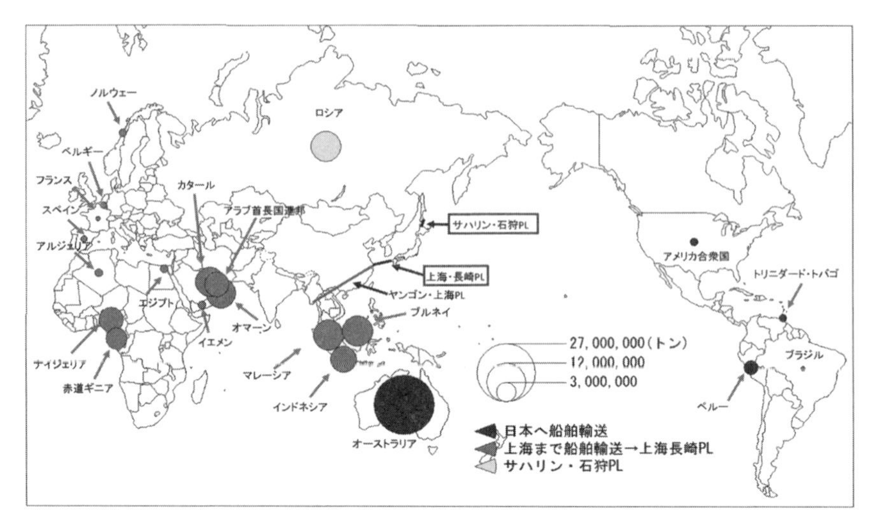

図 **8.4** 輸送手段決定問題の最適解

コストとリスクの関係を評価する方法を示した．一方で，以下のような課題も残されている．

- シナリオの拡充
- シナリオの生起確率の与え方
- パイプラインの敷設候補位置の変更
- 輸送手段決定問題から得られる輸送コストの輸入量決定問題へのフィードバック

演 習 問 題

問題 8.1 不確実性を考慮した輸入量決定問題に対して，式 (8.13) に示される総輸入コストの制約を加え，ソルバーを利用して最適解を求めよ．パラメータは表 8.1 にあげた数値とし，輸出国からの輸入成功率を一律に 0.8，確率水準 α を 0.90 とした上で，輸出国 i からの輸入コスト c_i を，2 カ国は 10，残りの 3 カ国は 8，総輸入コスト C を 870 と設定せよ．

問題 8.2 CVaR を利用して不確実性を考慮した輸入量決定問題を定式化

せよ．

問題 8.3 問題 8.2 で定式化したモデルに対して，表 8.1 にあげたパラメータを与え，ソルバーを利用して最適解を求めよ．

APPENDIX

A 付　録

A.1 線形計画法の基礎

A.1.1 線形計画問題の解

この付録では，**線形計画法** (linear programming) の基礎的な事項について簡単に解説する．線形計画法の教科書は数多く出版されているので，手法の詳細な解説や定理の証明については，坂和 (1984)，今野 (1987)，Bertsimas and Tsitsiklis (1997)，Luenberger and Ye (2016) などを参照されたい．

線形の等式制約と変数に関する非負制約のもとで，線形の目的関数を最小化する問題は，**標準形** (standard form) の**線形計画問題** (linear programming problem) とよばれる．変数を n 次元ベクトル $\boldsymbol{x}$ で表し，それに係るパラメータを n 次元ベクトル $\boldsymbol{c}$ とする．等式制約に関して，$m \times n$ 行列 $\boldsymbol{A}$ と m 次元ベクトル $\boldsymbol{b}$ が与えられるものとする．標準形の線形計画問題は以下の形で表現される．

$$\min_{\boldsymbol{x}} z = \boldsymbol{c}^\top \boldsymbol{x} \tag{A.1}$$

$$\text{s.t.} \quad \boldsymbol{A}\boldsymbol{x} = \boldsymbol{b} \tag{A.2}$$

$$\boldsymbol{x} \geq \boldsymbol{0} \tag{A.3}$$

通常，$m < n$ を仮定する．また，$m \times n$ 行列 $\boldsymbol{A}$ の m 個の行が線形独立であると仮定する．換言すると，$\boldsymbol{A}$ の階数が m である，ないし $\mathrm{rank}(\boldsymbol{A}) = m$ であると仮定する．

以下，基本的な用語をいくつか整理する．**実行可能解** (feasible solution) とは，制約式 (A.2)，(A.3) を満たす $\boldsymbol{x}$ である．目的関数を最小化するような実行可能解 $\boldsymbol{x}^*$ は，**最適解** (optimal solution) である．すなわち，すべての実行可能解 $\boldsymbol{x}$ に対して，$\boldsymbol{c}^\top \boldsymbol{x}^* \leq \boldsymbol{c}^\top \boldsymbol{x}$ である．

基底行列 (basis matrix) とは，$\boldsymbol{A}$ の n 個の列の中から，m 個の線形独立な列を選んでつくられる m 次正方行列である．$\mathrm{rank}(\boldsymbol{A}) = m$ であれば，基底行列は存在する．

m 個の線形独立な列ベクトルの組は，ベクトル空間の基底をなす．$\boldsymbol{x}$ のうち基底に対応する m 個の変数は**基底変数** (basic variable) とよばれる．基底行列を $\boldsymbol{B}$ とし，基底変数よりなる m 次元ベクトルを $\boldsymbol{x}_B$ とすると，$\boldsymbol{B}$ は正則行列なので，$\boldsymbol{B}\boldsymbol{x}_B = \boldsymbol{b}$ を解いて $\boldsymbol{x}_B = \boldsymbol{B}^{-1}\boldsymbol{b}$ を求めることができる．他方，$\boldsymbol{x}$ のうち基底に対応しない残りの $n-m$ 個の変数は**非基底変数** (nonbasic variable) とよばれ，非基底変数よりなる $n-m$ 次元ベクトルを $\boldsymbol{x}_N$ とする．**基底解** (basic solution) とは，非基底変数の値を 0 とおき ($\boldsymbol{x}_N = \boldsymbol{0}$)，基底変数の値を $\boldsymbol{x}_B = \boldsymbol{B}^{-1}\boldsymbol{b}$ により表したものである．基底解が非負 ($\boldsymbol{x} \geq \boldsymbol{0}$) であれば，**実行可能基底解** (basic feasible solution) とよばれる．

基底解と実行可能基底解の例を見てみよう．変数を $\boldsymbol{x} = (x_1, x_2, \ldots, x_5)^\top$ とし，制約式 (A.2) のパラメータを次のとおりとする．

$$\boldsymbol{A} = \begin{pmatrix} 2 & 4 & 3 & 1 & 0 \\ 3 & 2 & 6 & 0 & 1 \\ 6 & 0 & 8 & 3 & 2 \end{pmatrix}, \quad \boldsymbol{b} = \begin{pmatrix} 200 \\ 100 \\ 400 \end{pmatrix}$$

たとえば，$\boldsymbol{A}$ の第 1, 3, 5 列を選んで基底行列とし，基底変数に関して $\boldsymbol{x}_B = \boldsymbol{B}^{-1}\boldsymbol{b}$ を計算し，$(x_1, x_3, x_5)^\top = (175, -50, -125)^\top$ を求める．そして非基底変数を 0 とおき，基底解 $(175, 0, -50, 0, -125)^\top$ を得る．非負制約を満たさない値があるので，これは実行可能基底解ではない．次にたとえば，$\boldsymbol{A}$ の第 2, 4, 5 列を選んで基底行列とし，基底変数に関して同様の計算をし，$(x_2, x_4, x_5)^\top = (25, 100, 50)^\top$ を求める．そして非基底変数を 0 とおき，基底解 $(0, 25, 0, 100, 50)^\top$ を得る．基底解は非負制約を満たすので実行可能基底解である．

次の定理は，実行可能基底解が線形計画問題を解く上で重要な役割を果たすことを示す．

定理 A.1　標準形の線形計画問題に関して，

(1) 実行可能解が存在するならば，実行可能基底解が存在する．

(2) 最適解が存在するならば，実行可能基底解の中に最適解が存在する．

したがって，線形計画問題の最適解を求めるには，有限個の実行可能基底解だけを吟味すればよいことになる．実際，**シンプレックス法** (simplex method) などの線形計画法の典型的なアルゴリズムは，実行可能基底解を効率的に探索する手法である．

A.1.2　双 対 問 題

標準形の線形計画問題 (A.1)〜(A.3) を**主問題** (primal problem) とすると，その**双対問題** (dual problem) は次のように表される．

$$\max_{\boldsymbol{\pi}} v = \boldsymbol{\pi}^\top \boldsymbol{b} \tag{A.4}$$

$$\text{s.t.} \quad \boldsymbol{\pi}^\top \boldsymbol{A} \leq \boldsymbol{c}^\top \tag{A.5}$$

上記で，$\boldsymbol{\pi}$ は双対変数とよばれる m 次元ベクトルである．

以下では，主問題と双対問題の関係についての重要な結果をいくつか示す．

定理 A.2　弱双対定理 (weak duality theorem)．$\boldsymbol{x}$ と $\boldsymbol{\pi}$ がそれぞれ主問題と双対問題の実行可能解ならば

$$\boldsymbol{c}^\top \boldsymbol{x} \geq \boldsymbol{\pi}^\top \boldsymbol{b}$$

が成り立つ．

定理 A.3　主問題と双対問題がともに実行可能解をもつならば，主問題と双対問題はともに最適解をもつ．

定理 A.4　双対定理 (duality theorem)．主問題か双対問題のいずれか一方が最適解をもつならば，他方の問題もまた最適解をもち，それぞれの最適解に対する目的関数の値 (最適値) は等しい．すなわち

$$\min z = \max v$$

が成り立つ．

定理 A.4 は，主問題と双対問題の最適値が等しくなることを述べており，弱双対定理に対して**強双対定理** (strong duality theorem) とよばれることもある．

最後に，主問題が等式制約でなく不等式制約をもつ場合に関して，双対問題を示しておく．主問題が以下のように線形の不等式制約 $\boldsymbol{A}\boldsymbol{x} \geq \boldsymbol{b}$ をもつとする．

$$\min_{\boldsymbol{x}} \boldsymbol{c}^\top \boldsymbol{x} \tag{A.6}$$

$$\text{s.t.} \quad \boldsymbol{A}\boldsymbol{x} \geq \boldsymbol{b} \tag{A.7}$$

$$\boldsymbol{x} \geq \boldsymbol{0} \tag{A.8}$$

この問題に対する双対問題は以下のとおり表される．

$$\max_{\boldsymbol{\pi}} \boldsymbol{\pi}^\top \boldsymbol{b} \tag{A.9}$$

$$\text{s.t.} \quad \boldsymbol{\pi}^\top \boldsymbol{A} \leq \boldsymbol{c}^\top \tag{A.10}$$

$$\boldsymbol{\pi} \geq \boldsymbol{0} \tag{A.11}$$

また，主問題が以下のように線形の不等式制約 $\boldsymbol{A}\boldsymbol{x} \leq \boldsymbol{b}$ をもつとする．

$$\min_{\boldsymbol{x}} \boldsymbol{c}^\top \boldsymbol{x} \tag{A.12}$$

$$\text{s.t.} \quad \boldsymbol{A}\boldsymbol{x} \leq \boldsymbol{b} \tag{A.13}$$

$$\boldsymbol{x} \geq \boldsymbol{0} \tag{A.14}$$

この問題に対する双対問題は以下のとおり表される．

$$\max_{\boldsymbol{\pi}} \boldsymbol{\pi}^\top \boldsymbol{b} \tag{A.15}$$

$$\text{s.t.} \quad \boldsymbol{\pi}^\top \boldsymbol{A} \leq \boldsymbol{c}^\top \tag{A.16}$$

$$\boldsymbol{\pi} \leq \boldsymbol{0} \tag{A.17}$$

A.2　リアルオプション分析に役に立つ知識

A.2.1　等比数列の和

5.2 節での，現在価値の計算は，等比数列の和の計算によるものである．本節では，初項 $a\ (>0)$，公比 $b\ (\neq 1)$ とする以下のような一般的な等比数列を考える．

$$a_n = ab^i, \quad i = 0, 1, 2, \ldots, n$$

この等比数列の和

$$S_n = a + ab + ab^2 + \cdots + ab^n = \sum_{i=0}^{n} ab^i$$

となる．$S_n - bS_n$ は，

$$\begin{aligned} S_n - bS_n &= a + ab + ab^2 + \cdots + ab^n - b(a + ab + ab^2 + \cdots + ab^n) \\ &= a + ab + ab^2 + \cdots + ab^n - (ab + ab^2 + \cdots + ab^n + ab^{n+1}) \\ &= a - ab^{n+1} \end{aligned}$$

となり，

$$S_n = \frac{a(1 - b^{n+1})}{1 - b} \tag{A.18}$$

が導出される．5.2 節では，キャッシュフローが永久に得られるものとして考えているため，無限級数の和，すなわち，$\lim_{n\to\infty} S_n$ を考える必要がある．式 (A.18) における b^{n+1} は，$0 < b < 1$ のとき 0 となり，$b > 1$ のとき ∞ に発散する．以上より，無限級数の和は，

$$S = \sum_{i=0}^{\infty} ab^i = \begin{cases} \dfrac{a}{1-b}, & 0 < b < 1 \\ \infty, & b > 1 \end{cases} \tag{A.19}$$

となる．たとえば，式 (5.5) における $\sum_{t=1}^{\infty}\frac{1}{(1+\rho)^t}$ の計算を考えると，式 (A.19) における $a=1$，$b=\frac{1}{1+\rho}$ のときであり，$\rho>0$ より $0<\frac{1}{1+\rho}<1$ となる．$i=1$ からの和であることに注意すると，

$$\begin{aligned}\sum_{t=1}^{\infty}\frac{1}{(1+\rho)^t}&=\sum_{t=0}^{\infty}\left(\frac{1}{1+\rho}\right)^t-1=\frac{1}{1-\frac{1}{1+\rho}}-1\\&=\frac{1+\rho}{\rho}-1=\frac{1}{\rho}\end{aligned}$$

となる．

A.2.2 Euler の微分方程式の解法

5.5.2 項の式 (5.26) や第 7 章におけるオプション価値が満たす常微分方程式は，一般的にリアルオプションモデルによく用いられる **Euler の微分方程式**である．本節では，以下のような一般的な Euler の微分方程式を考え，その一般解を導出する．

$$x^2\frac{\mathrm{d}^2 f}{\mathrm{d}x^2}+px\frac{\mathrm{d}f}{\mathrm{d}x}+qf=0 \tag{A.20}$$

ここで，p,q は定数である．変数 x を $x=\mathrm{e}^y$ により変数 y へ変換し，$y=\log x$，$\frac{\mathrm{d}y}{\mathrm{d}x}=\frac{1}{x}$ から，$\frac{\mathrm{d}f}{\mathrm{d}x}$，$\frac{\mathrm{d}^2 f}{\mathrm{d}x^2}$ はそれぞれ，

$$\begin{aligned}\frac{\mathrm{d}f}{\mathrm{d}x}&=\frac{\mathrm{d}f}{\mathrm{d}y}\frac{\mathrm{d}y}{\mathrm{d}x}=\frac{1}{x}\frac{\mathrm{d}f}{\mathrm{d}y}\\ \frac{\mathrm{d}^2 f}{\mathrm{d}x^2}&=\frac{\mathrm{d}}{\mathrm{d}x}\left(\frac{\mathrm{d}f}{\mathrm{d}x}\right)=\frac{\mathrm{d}}{\mathrm{d}x}\left(\frac{1}{x}\frac{\mathrm{d}f}{\mathrm{d}y}\right)=\left(\frac{\mathrm{d}}{\mathrm{d}x}\frac{\mathrm{d}f}{\mathrm{d}y}\right)\frac{1}{x}-\frac{1}{x^2}\frac{\mathrm{d}f}{\mathrm{d}y}\\&=\frac{1}{x^2}\left(\frac{\mathrm{d}^2 f}{\mathrm{d}y^2}-\frac{\mathrm{d}f}{\mathrm{d}y}\right)\end{aligned}$$

となる．これらを式 (A.20) に代入すると，

$$\frac{\mathrm{d}^2 f}{\mathrm{d}y^2}+(p-1)\frac{\mathrm{d}f}{\mathrm{d}y}+qf=0 \tag{A.21}$$

のような定数係数の 2 階線形微分方程式となる．$(p-1)^2-4q>0$ のとき，式 (A.21) の一般解は，

$$f(y)=a_1\mathrm{e}^{\ell_1 y}+a_2\mathrm{e}^{\ell_2 y}$$

となる [*1)]．ここで，a_1,a_2 はそれぞれ未知定数であり，ℓ_1,ℓ_2 は，

---

*1) 一般的には，$(p-1)^2-4q=0$，$(p-1)^2-4q<0$ の条件についても考え，それぞれのときの一般解を導出する．ここでは，リアルオプションモデルに焦点をあてており，条件 $(p-1)^2-4q>0$ のみであることから，他の条件については省略する．

$$\ell_1 = \frac{1}{2} - \frac{p}{2} + \sqrt{\left(\frac{1}{2} - \frac{p}{2}\right)^2 - q},\ \ell_2 = \frac{1}{2} - \frac{p}{2} - \sqrt{\left(\frac{1}{2} - \frac{p}{2}\right)^2 - q}$$

である．変数を x へ戻すと

$$f(x) = a_1 x^{\ell_1} + a_2 x^{\ell_2} \tag{A.22}$$

となる．5.5.2 節のモデルは，$p = \frac{2\mu}{\sigma^2}$，$q = \frac{2\rho}{\sigma^2}$ に対応する．

A.2.3 幾何ブラウン運動にしたがう変数の期待値

5.5.2 節の式 (5.24) のように幾何ブラウン運動にしたがう変数 Y_t のベキ乗関数の期待値を考える．式 (5.24) の一般解は，

$$Y_t = y\mathrm{e}^{\left(\mu - \frac{1}{2}\sigma^2\right)t + \sigma W_t} \tag{A.23}$$

となる．$Y_t^\gamma (> 0)$ の期待値は，

$$\begin{aligned} \mathbb{E}\left[Y_t^\gamma\right] &= \mathbb{E}\left[\left\{y\mathrm{e}^{\left(\mu - \frac{1}{2}\sigma^2\right)t + \sigma W_t}\right\}^\gamma\right] = \mathbb{E}\left[y^\gamma \mathrm{e}^{\gamma\left(\mu - \frac{1}{2}\sigma^2\right)t + \gamma\sigma W_t}\right] \\ &= y^\gamma \mathrm{e}^{\gamma\left(\mu - \frac{1}{2}\sigma^2\right)t}\mathbb{E}\left[\mathrm{e}^{\gamma\sigma W_t}\right] \end{aligned} \tag{A.24}$$

$\mathbb{E}\left[\mathrm{e}^{\gamma\sigma W_t}\right]$ については，モーメント母関数の定義を用いて計算する．確率変数 X が平均 a，分散 b^2 の正規分布にしたがうとき，モーメント母関数は，

$$\mathbb{E}[\mathrm{e}^{\theta X}] = \mathrm{e}^{a\theta + \frac{b^2}{2}\theta^2} \tag{A.25}$$

である．標準ブラウン運動 W_t は，平均 0，分散 t の正規分布にしたがう確率変数であることから，式 (A.25) より

$$\mathbb{E}\left[\mathrm{e}^{\gamma\sigma W_t}\right] = \mathrm{e}^{\frac{\gamma^2\sigma^2}{2}t} \tag{A.26}$$

となる．以上より，$\mathbb{E}\left[Y_t^\gamma\right]$ は，

$$\mathbb{E}\left[Y_t^\gamma\right] = y^\gamma \mathrm{e}^{\gamma\left(\mu - \frac{1}{2}\sigma^2\right)t}\mathbb{E}\left[\mathrm{e}^{\gamma\sigma W_t}\right] = y^\gamma \mathrm{e}^{\left(\gamma\mu - \frac{\gamma\sigma^2}{2} + \frac{\gamma^2\sigma^2}{2}\right)t} \tag{A.27}$$

となる．式 (5.25) の場合は，式 (A.27) における $\gamma = 1$ のときであり，

$$\mathbb{E}\left[Y_t\right] = y\mathrm{e}^{\mu t} \tag{A.28}$$

である．また，$\gamma = 2$ のときは，

$$\mathbb{E}\left[Y_t^2\right] = y^2 \mathrm{e}^{\left(2\mu + \sigma^2\right)t} \tag{A.29}$$

となる．

A.3 数理計画ソルバー

本書で扱っている数理モデルに対して数値計算を行うには，数理計画ソルバー (以下，ソルバー) を利用すると便利である．そこで本章では，いくつかのソルバーを紹介した上で，非商用ソルバーの一つである SCIP を利用する手順を紹介する．なお，ソルバーの進歩は著しいため，本書執筆時点から時が経つにつれて内容が色あせる可能性が高くなることをご承知おきいただきたい．

ソルバーは大別すると，商用のものと非商用のものに分けられる．商用のソルバーには，CPLEX[20]，Gurobi[19]，Numerical Optimizer[27]，Xpress[18] などをはじめとして多くのソルバーが存在している．これらのソルバーを導入するには，ライセンス形態にもよるが数十万円以上の初期費用が必要である．ただし，アカデミック向けには無償もしくは安価なライセンスが用意されているものもある．

利用者がソルバーを選択するにあたり，導入費用は重要な要素であると考えられるが，どの程度の規模の問題を解けるのか，計算速度は速いのか，なども気になるであろう．これらの質問に対する回答は難しい．扱う問題によっても，ソルバーのバージョンによっても，その優劣が異なる可能性がある．Web サイト[25] では，各種ソルバーのベンチマーク実験結果が継続的に公開されているので，そちらを参照していただきたい．

さて，もう少し手軽にソルバーを利用するには，非商用ソルバーを試してみるのもよいだろう．本書では，ドイツの Zuse Institute Berlin で開発されている非商用ソルバー SCIP[35] を紹介する．

SCIP は，

- 非商用ソルバーとしては計算速度が高速
- Windows, Mac, Linux などのプラットフォーム上で動作する実行可能ファイルでの配布
- 入力可能なモデリング言語として LP, MPS, AMPL, GAMS, ZIMPL などをサポート
- アカデミックユースは無償

などの特長を有しており，手軽に利用することができる．アカデミック以外の環境では，無償で利用することができないが，その場合は NEOS サーバ上で SCIP を利用する方法もある．詳しくは文献[6] を参照されたい．

以下では，例として 8.2.2 項で取り上げた不確実性を考慮した輸入量決定問題をモデリング言語 ZIMPL で記述し，SCIP で最適化を行う手順を説明する．

A.3.1 ZIMPL による記述

モデリング言語 ZIMPL は Zuse Institute Mathematical Programming Language の略であり，先に紹介したドイツの Zuse Institute Berlin で開発された言語である．ZIMPL の詳細については Web サイト[36)] を参照されたい．

不確実性を考慮した輸入量決定問題では，輸出国の集合 I とシナリオの集合 T を扱っており，これらを集合を定義するコマンド `set` を用いて記述する．

次に，総輸入量 V，シナリオ t における輸出国 i からの輸入可否を表す r_{it}，シナリオ t の発生確率 p_t，輸出国 i の供給可能量 s_i，確率水準 α および Big-M を，パラメータを設定するコマンド `param` を用いて記述する．

そして，決定変数である輸出国 i からの輸入量 x_i，シナリオ t の選択状況 z_t，最悪の場合に確保できる輸入量 eta を，決定変数を定義するコマンド `var` を用いて記述する．

最後に定式化として，最大化する目的関数をコマンド `maximize` で記述し，制約条件をコマンド `subto` で記述する．

これらを一つのファイルにまとめて，example.zpl という名前で保存する．

example.zpl

```
# 集合の定義
set I := { 1 .. 5 };   # 輸出国の集合
set T := { 1 .. 32 };  # シナリオの集合

# パラメータの設定
param V := 100;        # 総輸入量
param a := 0.95;       # 確率水準
param M := 1000;       # Big-M
param r[I*T] :=        # シナリオ
  | 1,2,3,4,5,6,7,8,9,10,11,12,13,14,15,16,17,18,19,20,
21,22,23,24,25,26,27,28,29,30,31,32|
|1| 0,1,0,0,0,0,1,1,1,1,0,0,0,0,0,0,1,1,1,1,1,1,0,0,0,
0,1,1,1,1,0,1 |
|2| 0,0,1,0,0,0,1,0,0,0,1,1,1,0,0,0,1,1,1,0,0,0,1,1,1,
0,1,1,1,0,1,1 |
|3| 0,0,0,1,0,0,0,1,0,0,1,0,0,1,1,0,1,0,0,1,1,0,1,1,0,
1,1,1,0,1,1,1 |
|4| 0,0,0,0,1,0,0,0,1,0,0,1,0,1,0,1,0,1,0,1,0,1,1,0,1,
1,1,0,1,1,1,1
|5| 0,0,0,0,0,1,0,0,0,1,0,0,1,0,1,1,0,0,1,0,1,1,0,1,1,
1,0,1,1,1,1,1 |;
```

```
param p[T] :=           # シナリオの発生確率
 <1> 0.00032,  <2> 0.00128,  <3> 0.00128,  <4> 0.00128,
 <5> 0.00128,  <6> 0.00128,  <7> 0.00512,  <8> 0.00512,
 <9> 0.00512, <10> 0.00512, <11> 0.00512, <12> 0.00512,
<13> 0.00512, <14> 0.00512, <15> 0.00512, <16> 0.00512,
<17> 0.02048, <18> 0.02048, <19> 0.02048, <20> 0.02048,
<21> 0.02048, <22> 0.02048, <23> 0.02048, <24> 0.02048,
<25> 0.02048, <26> 0.02048, <27> 0.08192, <28> 0.08192,
<29> 0.08192, <30> 0.08192, <31> 0.08192, <32> 0.32768;
  # 各輸出国の供給可能量
param s[I] := <1> 50, <2> 50, <3> 50, <4> 50, <5> 50;

# 決定変数の定義
var x[I] >= 0;    # 各輸出国からの輸入量
var z[T] binary;  # シナリオの選択状況
var eta >= 0;     # 最悪でも確保できる輸入量

# 定式化
maximize obj:     # 目的関数
  eta;
subto con1:       # 確率水準に関する制約
  (sum <t> in T: p[t] * z[t]) <= 1 - a;
subto con2: forall <t> in T do  # 確率水準に関する制約
  eta - (sum <i> in I: r[i, t] * x[i]) <= M * z[t];
subto con3:       # 総輸入量の制約
  (sum <i> in I: x[i]) == V;
subto con4: forall <i> in I do  # 供給可能量の制約
  x[i] <= s[i];
```

A.3.2 SCIP による最適化の手順

前述のように，さまざまなプラットフォーム (オペレーティング・システム) 向けの実行可能ファイルが Web サイト[35] で配布されている．各自の利用環境に合わせて ZIP 圧縮されたファイルをダウンロードし，適当なフォルダに展開 (解凍) すると実行可能ファイルが現れる．このファイルを実行すると，以下のように SCIP が起動し，コマンドの入力待ちになる (終了するときはコマンド quit を入力する)．

SCIP の起動

```
～メッセージの表示～
```

```
SCIP>
```

ここで，前節で作成した example.zpl を読み込んで，最適化を行い，結果をファイルに出力させる．

最適化計算

```
SCIP> read example.zpl
SCIP> optimize
SCIP> write solution example_sol.txt
```

今回の問題ではただちに最適化計算を終えて結果を得ることができる．example_sol.txt に出力した内容を確認してみよう．

計算結果

```
solution status: optimal solution found
objective value:                                50
z#1                                              1   (obj:0)
z#2                                              1   (obj:0)
z#3                                              1   (obj:0)
z#4                                              1   (obj:0)
z#5                                              1   (obj:0)
z#6                                              1   (obj:0)
z#11                                             1   (obj:0)
z#12                                             1   (obj:0)
z#14                                             1   (obj:0)
z#23                                             1   (obj:0)
x#5                                             50   (obj:0)
x#1                                             50   (obj:0)
eta                                             50   (obj:1)
```

1 行目には解の状態が記述されている．今回の例では最適解が見つかったことを表している．2 行目には目的関数値が記述されており，今回の例では 50 となっている．3 行目以降は決定変数とその値が組になって 1 行ごとに表されている．ただし，値が 0 の決定変数は表示されない．また，右端の (obj:　) はそれぞれの変数の目的関数における係数を表している．

今回の問題では，輸出国 1 と 5 からそれぞれ 50 ずつ輸入すると，v は 50 になるという最適解が得られたことになる．この結果と 8.2.2 項での結果を比較すると，輸出国の組合せと輸入量は異なるが，v は同じ値となっている．じつはこの問題の最適解は数多く存在しており，基本的にはソルバーはそれらの最適解の一つを求めているに過ぎない．一般に，(小規模な問題を除いて) 最適解のすべてを列挙することは困難であるため，得られた最適解の他にも同じ目的関数値を実現する最適解が存在する可能性があることを検討する必要がある．

参 考 文 献

1) 今野 浩 (1987) 線形計画法，日科技連出版社.

2) 坂和正敏 (1984) 線形システムの最適化，森北出版.

3) 椎名孝之 (2015) 確率計画法，朝倉書店.

4) 辻村元男，前田 章 (2016) 確率制御の基礎と応用，朝倉書店.

5) 電力広域的運営推進機関 (2016) 送変電設備の標準的な単価の公表について．https://www.occto.or.jp/access/oshirase/2015/files/20160329_tanka_kouhyou.pdf

6) 宮代隆平 (2012) 整数計画ソルバー入門，オペレーションズ・リサーチ，**57**(4)，183–189.

7) Artzner, P., F. Delbaen, J.-M. Eber and D. Heath (1999), "Coherent measures of risk", *Mathematical Finance*, **9**, 203–228.

8) Ben-Tal, A., L. El Ghaoui and A. Nemirovski (2009), *Robust Optimization*, Princeton University Press.

9) Bertsimas, D. and J.N. Tsitsiklis (1997), *Introduction to Linear Optimization*, Athena Scientific.

10) Birge, J.R. and F. Louveaux (2011), *Introduction to Stochastic Programming (2nd ed.)*, Springer.

11) Brealey, R.A., S.C. Myers and F. Allen (1994), *Principle of Corporate Finance*, Princeton University Press.

12) Ceseña, E.A.M., J. Mutale and F. Rivas-Dávalos (2013), "Real options theory applied to electricity generation projects: A review", *Renewable and Sustainable Energy Reviews*, **19**, 573–581.

13) Conejo, A.J., M. Carrión and J.M. Morales (2010), *Decision Making Under Uncertainty in Electricity Markets*, Springer.

14) Conejo, A.J., L. Baringo, S.J. Kazempour and A. Siddiqui (2016), *Investment in Electricity Generation and Transmission: Decision Making under Uncertainty*, Springer.

15) Décamps, J.-P., T. Mariotti and S. Villeneuve (2006), "Irreversible invest-

ment in alternative projects", *Economic Theory*, **28**, 425–448.

16) Dixit, A.K. (1993), "Choosing among alternative discrete investment projects under uncertainty", *Economics Letters*, **41**, 265–268.
17) Dixit, A.K. and R.S. Pindyck (1994), *Investment under Uncertainty*, Princeton University Press.
18) FICO, FICO Xpress Optimization. `http://www.msi-jp.com/xpress/`
19) Gurobi Optimization, Gurobi Optimizer. `http://www.octobersky.jp/products/gurobi/gurobi.html`
20) IBM, IBM ILOG CPLEX. `http://www-03.ibm.com/software/products/ja/ibmilogcple/`
21) International Energy Agency (IEA)/Nuclear Energy Agency (NEA) (2015), Projected Costs of Generating Electricity 2015 Edition. IEA/NEA.
22) Kall, P. and J. Mayer (2011), *Stochastic Linear Programming* (*2nd ed.*), Springer.
23) Kall, P. and S.W. Wallace (1994), *Stochastic Programming*, John Wiley & Sons.
24) Luenberger D. G. and Y. Ye (2016), *Linear and Nonlinear Programming* (*4th ed.*), Springer.
25) Mittelmann, H., Benchmarks for Optimization Software. `http://plato.asu.edu/bench.html`
26) NEOS Server for Optimization. `http://www.neos-server.org/neos/`
27) NTT データ数理システム, Numerical Optimizer. `https://www.msi.co.jp/nuopt/`
28) Nishimura, K.G. and H. Ozaki (2007), "Irreversible investment and Knightian uncertainty", *Journal of Economic Theory*, **136**, 668–694.
29) Pflug, G.Ch. (2000), "Some remarks on the value-at-risk and the conditional value-at-risk", in: *Probabilistic Constrained Optimization: Methodology and Applications*, pp. 272–281, S.P. Uryasev (ed.), Kluwer Academic Publishers.
30) Prékopa A. (1995), *Stochastic Programming*, Kluwer Academic Publishers.
31) Rockafellar, R.T. and S.P. Uryasev (2000), "Optimization of conditional value-at-risk", *Journal of Risk*, **2**, 21–41.
32) Ruszczyński, A. and A. Shapiro (ed.) (2003), *Stochastic Programming, Handbooks in Operations Research and Management Science* Vol. 10,

Elsevier.

33) Shapiro, A., D. Dentcheva and A. Ruszczyński (2014), *Lectures on Stochastic Programming: Modeling and Theory* (*2nd ed.*), SIAM.

34) Siddiqui, A.S. and R. Takashima (2017), Bouncing back: Assessing the resilience of infrastructure projects and the use of average outage factors, 21st Annual Real Options Conference. http://www.realoptions.org/openconf2017/data/papers/20.pdf

35) Zuse Institute Berlin, SCIP (Solving Constraint Integer Programs). http://scip.zib.de/

36) Zuse Institute Berlin, ZIMPL (Zuse Institut Mathematical Programming Language). http://zimpl.zib.de/

演習問題解答

第　1　章

問題 1.1　次の線形計画問題を解く．

$$
\begin{aligned}
\min_{\substack{x, y_1(\xi^1), y_1(\xi^2),\\ y_2(\xi^1), y_2(\xi^2)}} \quad & 50x + \sum_{k=1}^{2} \frac{1}{2}\bigl(-100y_1(\xi^k) - 10y_2(\xi^k)\bigr) \\
\text{s.t.} \quad & 0 \le x \le 1500 \\
& y_1(\xi^1) + y_2(\xi^1) \le x \\
& y_1(\xi^2) + y_2(\xi^2) \le x \\
& y_1(\xi^1) \le \xi^1 = 800 \\
& y_1(\xi^2) \le \xi^2 = 1200 \\
& y_1(\xi^1), y_1(\xi^2), y_2(\xi^1), y_2(\xi^2) \ge 0
\end{aligned}
$$

最適解は，$x^* = 1200$，$y_1^*(\xi^1) = 800$，$y_1^*(\xi^2) = 1200$，$y_2^*(\xi^1) = 400$，$y_2^*(\xi^2) = 0$ である．

問題 1.2　問題 1.1 の目的関数に最適解を代入して，$RP = \mathbb{E}\bigl[V(x^*, \tilde{\xi})\bigr] = -42000$ を得る．また，第 1 章と同様に計算して

$$
\begin{aligned}
EEV = \mathbb{E}\bigl[V(x^0(\bar{\xi}), \tilde{\xi})\bigr] &= \frac{1}{2}(-32000 - 50000) = -41000 \\
WS = \mathbb{E}\bigl[V(x^{**}(\tilde{\xi}), \tilde{\xi})\bigr] &= \frac{1}{2}(-40000 - 60000) = -50000
\end{aligned}
$$

を得る．よって，$WS \le RP \le EEV$ が成立する．

第　2　章

問題 2.1　$\mathscr{Q}(x)$ が区間線形なので，この問題の目的関数も次のような区間線形関

数となる．

$$50x + \mathscr{Q}(x) = \begin{cases} -50x & \text{if } 0 \leq x \leq 800 \\ -5x - 36000 & \text{if } 800 \leq x \leq 1200 \\ 40x - 90000 & \text{if } 1200 \leq x \leq 1500 \end{cases}$$

最適解は $x^* = 1200$ で，このとき最適値は -42000 である．

問題 2.2　逐次的に最適性カットを追加して，反復して問題を解くことで．最適解 $x^* = 1200$ と最適値 -42000 が得られることを確認する．

第　3　章

問題 3.1　簡単な数値例を示す．2つの確率変数 $\tilde{\eta}_1, \tilde{\eta}_2$ があるとする (たとえば，異なる金融ポートフォリオがもたらしうる損失)．確率 $\frac{1}{2}$ である状態 ω_a か ω_b のいずれかが生じ，そのときの確率変数の実現値は表 1 で与えられるとする．$\mathrm{VaR}_\alpha = \mathrm{VaR}_{0.5}$ を考えると

$$\mathrm{VaR}_{0.5}(\tilde{\eta}_1 + \tilde{\eta}_2) = 300 > 100 + 100 = \mathrm{VaR}_{0.5}(\tilde{\eta}_1) + \mathrm{VaR}_{0.5}(\tilde{\eta}_2)$$

となる．よって，この例では劣加法性が満たされない．

表 1　確率変数の実現値

状態	確率	$\tilde{\eta}_1$ の実現値	$\tilde{\eta}_2$ の実現値	$\tilde{\eta}_1 + \tilde{\eta}_2$ の実現値
ω_a	0.5	100	200	300
ω_b	0.5	200	100	300

問題 3.2　$f(v) = \mathbb{E}\big[(\tilde{\eta} - v)^+\big]$ とおく．また，$v_\lambda = \lambda v_1 + (1-\lambda)v_2$，$\lambda \in (0,1)$ とする．任意の $a, b \in \mathbb{R}$ に対して $(a+b)^+ \leq a^+ + b^+$ が成り立つことに注意すると

$$\begin{aligned} f(v_\lambda) &= \mathbb{E}\big[(\tilde{\eta} - v_\lambda)^+\big] \\ &= \mathbb{E}\big[\big(\lambda(\tilde{\eta} - v_1) + (1-\lambda)(\tilde{\eta} - v_2)\big)^+\big] \\ &\leq \mathbb{E}\big[\big(\lambda(\tilde{\eta} - v_1)\big)^+ + \big((1-\lambda)(\tilde{\eta} - v_2)\big)^+\big] \\ &= \mathbb{E}\big[\big(\lambda(\tilde{\eta} - v_1)\big)^+\big] + \mathbb{E}\big[\big((1-\lambda)(\tilde{\eta} - v_2)\big)^+\big] \\ &= \lambda\mathbb{E}\big[(\tilde{\eta} - v_1)^+\big] + (1-\lambda)\mathbb{E}\big[(\tilde{\eta} - v_2)^+\big] \\ &= \lambda f(v_1) + (1-\lambda)f(v_2) \end{aligned}$$

が成り立つので，$\mathbb{E}\left[\left(\tilde{\eta}-v\right)^{+}\right]$ は v に関して凸関数である．$\alpha \in (0,1)$ に対して，$v+\frac{1}{1-\alpha}\mathbb{E}\left[\left(\tilde{\eta}-v\right)^{+}\right]$ は，凸関数の和となり，v に関して凸である．

第 4 章

問題 4.1 表 1〜表 3 において，最悪ケースとして発電費用が最大となるのは，いずれも需要量 300 が実現する場合である．最悪ケースを想定して，合計費用を最小化したいので，$x_1=1$，$x_2=x_3=0$，すなわち送電容量 $t_1=100$ を選択するのが最適である．

表 1 送電容量 $t_1=100$ を選択した場合 ($x_1=1$，$x_2=x_3=0$)

需要量 (u)	発電量 (y_w)	発電量 (y_e)	発電費用	送電固定費	合計費用
100	100	0	400	500	900
200	100	100	1200	500	1700
300	100	200	2000	500	2500

表 2 送電容量 $t_2=150$ を選択した場合 ($x_2=1$，$x_1=x_3=0$)

需要量 (u)	発電量 (y_w)	発電量 (y_e)	発電費用	送電固定費	合計費用
100	100	0	400	750	1150
200	150	50	1000	750	1750
300	150	150	1800	750	2550

表 3 送電容量 $t_3=200$ を選択した場合 ($x_3=1$，$x_1=x_2=0$)

需要量 (u)	発電量 (y_w)	発電量 (y_e)	発電費用	送電固定費	合計費用
100	100	0	400	1000	1400
200	200	0	800	1000	1800
300	200	100	1600	1000	2600

問題 4.2 $x_1=1$，$x_2=x_3=0$ を選択した場合には，発電費用の期待値は $\frac{1}{4}\times 400+\frac{1}{2}\times 1200+\frac{1}{4}\times 2000=1200$ となり，送電線の固定費用 500 とを合わせて，合計費用は 1700 となる．$x_2=1$，$x_1=x_3=0$ を選択した場合には，発電費用の期待値は $\frac{1}{4}\times 400+\frac{1}{2}\times 1000+\frac{1}{4}\times 1800=1050$ となり，送電線の固定費用 750 とを合わせて，合計費用は 1800 となる．$x_3=1$，$x_1=x_2=0$ を選択した場合には，発電費用の期待値は $\frac{1}{4}\times 400+\frac{1}{2}\times 800+\frac{1}{4}\times 1600=900$ となり，送電線の固定費用 1000 とを合わせて，合計費用は 1900 となる．平均的な意味で合計費用を

最小化したいので，$x_1 = 1$，$x_2 = x_3 = 0$，すなわち送電容量 $t_1 = 100$ を選択するのが最適である．

第 5 章

問題 5.1 $I^* \simeq 641.7$ 万円

問題 5.2

$$\frac{\partial a_1}{\partial \sigma} = \frac{-\frac{\partial \beta_1}{\partial \sigma} Y^{*1-\beta_1} \log Y^* \beta_1(\rho - \mu) - \frac{\partial \beta_1}{\partial \sigma}(\rho - \mu) Y^{*1-\beta_1}}{\{\beta_1(\rho - \mu)\}^2} > 0$$

より，不確実性が増すにしたがい，投資オプション価値は増加することがわかる．

第 6 章

問題 6.1

$$\begin{aligned}
\max_{q_i^b, q_{t\omega_1\times\omega_2}^w} \ & \sum_{\omega_1=1}^{2} \sum_{\omega_2=1}^{5} \pi_{\omega_1}^1 \pi_{\omega_2}^2 \sum_{t=1}^{3} \left(P^r Q_{t\omega_1}^r - c^g q^g - \sum_{i=1}^{3} P_i^b q_i^b - P_{t\omega_2}^w q_{t\omega_1\times\omega_2}^w \right) \\
\text{s.t.} \quad & 0 \le q_i^b \le Q_i^{\max}, \quad i = 1, 2, 3 \\
& q^g + \sum_{i=1}^{3} q_i^b + q_{t\omega_1\times\omega_2}^w = Q_{t\omega_1}^r, \quad t = 1, 2, 3; \\
& \omega_1 = 1, 2;\ \omega_2 = 1, \ldots, 5 \\
& q_{t\omega_1\times\omega_2}^w \ge 0, \quad t = 1, 2, 3;\ \omega_2 = 1, 2;\ \omega_2 = 1, \ldots, 5
\end{aligned}$$

解は，$\{q_1^{b*}, q_2^{b*}, q_3^{b*}\} = \{10000, 0, 0\}$，$\{q_{11\times\omega_2}^{w*}, q_{21\times\omega_2}^{w*}, q_{31\times\omega_2}^{w*}\} = \{200000, 200000, 150000\}$，$\{q_{12\times\omega_2}^{w*}, q_{22\times\omega_2}^{w*}, q_{32\times\omega_2}^{w*}\} = \{50000, 300000, 200000\}$，期待収益は 306.5 万円となり，電源を保有していない場合と比較し，高くなることがわかる．

問題 6.2

$$\begin{aligned}
\max_{q_i^b, q_{t\omega_1}^w, s_{\omega_1}, v} \ & (1-\beta) \sum_{\omega_1=1}^{5} \pi_{\omega_1} \sum_{t=1}^{4} \left(P^r Q_t^r - \sum_{i=1}^{3} P_i^b q_i^b - P_{t\omega_1}^w q_{t\omega_1}^w \right) \\
& + \beta \left(v - \frac{1}{1-\alpha} \sum_{\omega_1=1}^{5} \pi_{\omega_1} s_{\omega_1} \right) \\
\text{s.t.} \quad & 0 \le q_i^b \le Q_i^{\max}, \quad i = 1, 2, 3
\end{aligned}$$

$$\sum_{i=1}^{3} q_i^b + q_{t\omega_1}^w = Q_t^r, \quad t = 1, \ldots, 4;\ \omega_1 = 1, \ldots, 5$$
$$q_{t\omega_1}^w \geq 0, \quad t = 1, \ldots, 4;\ \omega_1 = 1, \ldots, 5$$
$$v - \sum_{t=1}^{4} \left(P^r Q_t^r - \sum_{i=1}^{3} P_i^b q_i^b - P_{t\omega_1}^w q_{t\omega_1}^w \right) \leq s_{\omega_1}, \omega_1 = 1, \ldots, 5$$
$$s_{\omega_1} \geq 0, \quad \omega_1 = 1, \ldots, 5$$

$\beta = 1$ のときの解は，$\{q_1^{b^*}, q_2^{b^*}, q_3^{b^*}\} = \{30000, 30000, 30000\}$，$\{q_{1\omega_1}^{w*}, q_{2\omega_1}^{w*}, q_{3\omega_1}^{w*}, q_{4\omega_1}^{w*}\} = \{10000, 210000, 110000, 10000\}$，$s_{\omega_1} = 0$，$v = 799000$ となる．

第 7 章

問題 7.1 $\frac{\partial b_1}{\partial \lambda_1} < 0$, $\frac{\partial c_1}{\partial \lambda_1} < 0$ より $\frac{\partial \bar{p}^*}{\partial \lambda} = -\frac{\beta_1}{\beta_1 - 1}\frac{1}{b_1^2}\frac{\partial b_1}{\partial \lambda_1}(\xi q - c_1) - \frac{\beta_1}{\beta_1 - 1}\frac{1}{b_1}\frac{\partial c_1}{\partial \lambda_1} > 0$ となる．すなわち，期待操業期間が短くなるにしたがい閾値が増加することがわかる．

問題 7.2 発電事業者の価値 (7.22)，社会的余剰 (7.24) を最大化するときの容量をそれぞれ $q_1^{p*}(x)$，$q_1^{t*}(x)$ とすると

$$q_1^{p*}(x) = \frac{\rho - \mu}{2 \cdot 8760 \eta x} \left(\frac{x}{\rho - \mu} - \frac{\alpha}{\rho} - \frac{\xi}{8760} \right)$$
$$q_1^{t*}(x) = \frac{\rho - \mu}{8760 \eta x} \left(\frac{x}{\rho - \mu} - \frac{\alpha}{\rho} - \frac{\xi + \gamma}{8760} \right)$$

となる．

第 8 章

問題 8.1 総輸入コストの制約式が含まれていない場合は，最適値は 60，最適解は全ての輸出国から 20 ずつ輸入するというものである．このときの総輸入コストは 880 $(= 10 \times 20 + 10 \times 20 + 8 \times 20 + 8 \times 20 + 8 \times 20)$ であることから，総輸入コストの上限 C が 880 未満であれば元の最適解は総輸入コストの制約を満たさないことから，最適な輸入量の組合せは変化する．

総輸入コスト C を 870 とした場合，輸入コスト c_i が 10 の輸出国から 17.5 ずつ輸入し，c_i が 8 の輸出国のうち 2 カ国から 23.75，1 カ国から 17.5 を輸入するという最適解が得られる．このときの最適値 v は 58.75 となり，制約を加える前の 60 から減少する．

問題 8.2

$$
\begin{aligned}
\max_{x_i, u_k, v} \quad & v - \frac{1}{1-\alpha} \sum_k p_k u_k \\
\text{s.t.} \quad & v - \sum_i r_{ik} x_i \leq u_k, \quad k = 1, 2, \ldots \\
& \sum_i x_i = V \\
& x_i \leq s_i, \quad i = 1, 2, \ldots \\
& 0 \leq x_i, \quad i = 1, 2, \ldots \\
& 0 \leq u_k, \quad k = 1, 2, \ldots
\end{aligned}
$$

問題 8.3

	計算例 1				計算例 2			
輸出国	成功率	$\alpha = 0.95$	$\alpha = 0.90$	$\alpha = 0.80$	成功率	$\alpha = 0.95$	$\alpha = 0.90$	$\alpha = 0.80$
A 国	0.8	20	20	20	0.9	28.571	33.333	33.333
B 国	0.8	20	20	20	0.9	28.571	33.333	33.333
C 国	0.8	20	20	20	0.8	14.286	33.333	33.333
D 国	0.8	20	20	20	0.7	14.286	0	0
E 国	0.8	20	20	20	0.7	14.286	0	0
v		40	60	60		57.143	66.667	66.667
最適値		37.184	47.008	53.504		42.126	50.667	58.667

索　　引

欧　文

あ　行

か　行

さ　行

た　行

著者略歴

田中 誠（たなか まこと）

1967年　東京都出身
2004年　東京大学大学院経済学研究科博士課程修了
現　在　政策研究大学院大学教授
博士（経済学）

髙嶋隆太（たかしまりゅうた）

1976年　東京都出身
2005年　東京大学大学院工学系研究科博士課程中途退学
現　在　東京理科大学理工学部准教授
博士（工学）

鳥海重喜（とりうみしげき）

1974年　神奈川県出身
2007年　中央大学大学院理工学研究科博士課程後期課程修了
現　在　中央大学理工学部准教授
博士（工学）

確率工学シリーズ 2
エネルギー・リスクマネジメントの数理モデル　　定価はカバーに表示

2018年11月5日　初版第1刷

著　者　田　中　　　誠
　　　　髙　嶋　隆　太
　　　　鳥　海　重　喜
発行者　朝　倉　誠　造
発行所　株式会社 朝　倉　書　店
東京都新宿区新小川町 6-29
郵便番号　162-8707
電　話　03（3260）0141
FAX　03（3260）0180
http://www.asakura.co.jp

〈検印省略〉

中央印刷・渡辺製本

ISBN 978-4-254-27572-8　C 3350　　Printed in Japan